建筑安装工程施工工艺标准系列丛书

基坑支护与地下水控制工程施工工艺

山西建设投资集团有限公司　组织编写

张太清　霍瑞琴　主编

U0274683

中国建筑工业出版社

图书在版编目（CIP）数据

基坑支护与地下水控制工程施工工艺/山西建设投资集团有限公司组织编写. —北京：中国建筑工业出版社，2018.12
（建筑安装工程施工工艺标准系列丛书）
ISBN 978-7-112-22869-0

Ⅰ.①基… Ⅱ.①山… Ⅲ.①基坑-坑壁支撑-工程施工
②地下工程-建筑防水-工程施工 Ⅳ.①TU46②TU94

中国版本图书馆 CIP 数据核字(2018)第 242789 号

本书是《建筑安装工程施工工艺标准系列丛书》之一，经广泛调查研究，认真总结工程实践经验，参考有关国家、行业及地方标准规范编写而成。

该书编制过程中主要参考了《建筑工程施工质量验收统一标准》GB 50300—2013、《建筑地基基础工程施工质量验收规范》GB 50202—2018、《建筑基坑支护技术规程》JGJ 120—2012 等标准规范。每项标准按引用标准、术语、施工准备、操作工艺、质量标准、成品保护、注意事项、质量记录八个方面进行编写。

本书可作为地基与基础工程施工生产操作的技术依据，也可作为编制施工方案和技术交底的蓝本。在实施工艺标准过程中，若国家标准或行业标准有更新版本时，应按国家或行业现行标准执行。

责任编辑：张　磊
责任校对：姜小莲

建筑安装工程施工工艺标准系列丛书
基坑支护与地下水控制工程施工工艺
山西建设投资集团有限公司　组织编写
张太清　霍瑞琴　主编

*

中国建筑工业出版社出版、发行（北京海淀三里河路 9 号）
各地新华书店、建筑书店经销
北京科地亚盟排版公司制版
北京市密东印刷有限公司印刷

*

开本：787×960 毫米　1/16　印张：9¼　字数：158 千字
2019 年 3 月第一版　2019 年 3 月第一次印刷
定价：**25.00** 元
ISBN 978 - 7 - 112 - 22869 - 0
（32879）

发 布 令

　　为进一步提高山西建设投资集团有限公司的施工技术水平，保证工程质量和安全，规范施工工艺，由集团公司统一策划组织，系统内所有骨干企业共同参与编制，形成了新版《建筑安装工程施工工艺标准》（简称"施工工艺标准"）。

　　本施工工艺标准是集团公司各企业施工过程中操作工艺的高度凝练，也是多年来施工技术经验的总结和升华，更是集团实现"强基固本，精益求精"管理理念的重要举措。

　　本施工工艺标准经集团科技专家委员会专家审查通过，现予以发布，自2019年1月1日起执行，集团公司所有工程施工工艺均应严格执行本"施工工艺标准"。

山西建设投资集团有限公司

党委书记：

董事长：

2018 年 8 月 1 日

丛书编委会

本书编委会

4

序

　　企业技术标准是企业发展的源泉，也是企业生产、经营、管理的技术依据。随着国家标准体系改革步伐日益加快，企业技术标准在市场竞争中会发挥越来越重要的作用，并将成为其进入市场参与竞争的通行证。

　　山西建设投资集团有限公司前身为山西建筑工程（集团）总公司，2017年经改制后更名为山西建设投资集团有限公司。集团公司自成立以来，十分重视企业标准化工作。20世纪70年代就曾编制了《建筑安装工程施工工艺标准》；2001年国家质量验收规范修订后，集团公司遵循"验评分离，强化验收，完善手段，过程控制"的十六字方针，于2004年编制出版了《建筑安装工程施工工艺标准》（土建、安装分册）；2007年组织修订出版了《地基与基础工程施工工艺标准》、《主体结构工程施工工艺标准》、《建筑装饰装修施工工艺标准》、《建筑屋面工程施工工艺标准》、《建筑电气工程施工工艺标准》、《通风与空调工程施工工艺标准》、《电梯与智能建筑工程施工工艺标准》、《建筑给水排水及采暖工程施工工艺标准》共8本标准。

　　为加强推动企业标准管理体系的实施和持续改进，充分发挥标准化工作在促进企业长远发展中的重要作用，集团公司在2004年版及2007年版的基础上，组织编制了新版的施工工艺标准，修订后的标准增加到18个分册，不仅增加了许多新的施工工艺，而且内容涵盖范围也更加广泛，不仅从多方面对企业施工活动做出了规范性指导，同时也是企业施工活动的重要依据和实施标准。

　　新版施工工艺标准是集团公司多年来实践经验的总结，凝结了若干代山西建投人的心血，是集团公司技术系统全体员工精心编制、认真总结的成果。在此，我代表集团公司对在本次编制过程中辛勤付出的编著者致以诚挚的谢意。本标准的出版，必将为集团工程标准化体系的建设起到重要推动作用。今后，我们要抓住契机，坚持不懈地开展技术标准体系研究。这既是企业提升管理水平和技术优势的重要载体，也是保证工程质量和安全的工具，更是提高企业经济效益和社会效益的手段。

在本标准编制过程中，得到了住建厅有关领导的大力支持，许多专家也对该标准进行了精心的审定，在此，对以上领导、专家以及编辑、出版人员所付出的辛勤劳动，表示衷心的感谢。

在实施本标准过程中，若有低于国家标准和行业标准之处，应按国家和行业现行标准规范执行。由于编者水平有限，本标准如有不妥之处，恳请大家提出宝贵意见，以便今后修订。

山西建设投资集团有限公司

总经理：

2018 年 8 月 1 日

前　言

　　本书是山西建设投资集团有限公司《建筑安装工程施工工艺标准系列丛书》之一。该书经广泛调查研究，认真总结工程实践经验，参考有关国家、行业及地方标准规范，在 2007 版基础上经广泛征求意见修订而成。

　　该书编制过程中主要参考了《建筑工程施工质量验收统一标准》GB 50300—2013、《建筑地基基础工程施工质量验收规范》GB 50202—2018、《建筑基坑支护技术规程》JGJ 120—2012 等标准规范。每项标准按引用标准、术语、施工准备、操作工艺、质量标准、成品保护、注意事项、质量记录八个方面进行编写。

　　本标准修订的主要内容是：

　　1. 将基坑人工开挖、机械开挖合并为土方开挖；将人工回填、机械回填合并为土方回填。

　　2. 新增加了钻孔咬合桩围护墙支护、型钢水泥土搅拌桩围护墙支护、混凝土内支撑施工、高压喷射扩大头锚索施工、高压喷射注浆帷幕、逆作法施工。

　　3. 将原来的排桩墙支护分为钢板桩围护墙支护、混凝土灌注桩排桩支护。

　　4. 将原来的土层预应力锚杆、土钉喷锚网支护中的锚管部分合并为锚杆支护。原来的土钉喷锚网支护中的土钉部分改为土钉墙支护。

　　5. 取消了水位观测，其内容合并到各种降水的内容中。

　　本书可作为地基与基础工程施工生产操作的技术依据，也可作为编制施工方案和技术交底的蓝本。在实施工艺标准过程中，若国家标准或行业标准有更新版本时，应按国家或行业现行标准执行。

　　本书在编制过程中，限于技术水平，有不妥之处，恳请提出宝贵意见，以便今后修订完善。随时可将意见反馈至山西建设投资集团公司技术中心（太原市新建路 9 号，邮政编码 030002）。

目　录

第1章 基坑（槽）内明排水

本工艺标准适用于工业与民用建筑、市政基础设施基坑（槽）内采用明排水降低地下水的施工。适用于不易产生流沙、流土、管涌、淘空、塌陷等现象的黏性土、粉土和碎石地层，且含水土层的渗透系数宜小于 5～20m/d，降水深度不大于 5m。

1 引用标准

《建筑地基基础工程施工规范》GB 51004—2015

《建筑地基基础工程施工质量验收规范》GB 50202—2018

《建筑与市政工程地下水控制技术规范》JGJ 111—2016

《施工现场临时用电安全技术规范》JGJ 46—2005

《建筑基坑支护技术规程》JGJ 120—2012

2 术语

2.0.1 明排水：在开挖基坑（槽）的周围、一侧、两侧或基坑（槽）中部设置排水明沟，每隔 20～30m 设一集水井，使地下水汇流于集水井内，再用水泵排出基坑（槽）外。

3 施工准备

3.1 作业条件

3.1.1 基坑（槽）施工前应编制详细的施工方案，已确定明沟位置、宽度、深度和构造做法、沟底坡度、集水井位置和尺寸等，并对施工人员进行技术安全交底，进行现场试验，取得各项参数，以便验证是否满足要求。

3.1.2 现场地质测试工作已完成，并根据测试结果确定了施工技术参数。施工前应对区域内的地上（下）障碍物进行清除，具备岩土工程勘察报告和基坑工程设计施工方案，已查明含水层的岩土种类、厚度、地下水类别和水位等。

3.1.3 开工前必须水通、路通、电通，材料已准备齐全，机具设备已运到现场维修、保养、就位、试运转。

3.1.4 机械操作人员必须经过专业培训，并取得相应资格证书。主要作业人员已经过安全培训，并接受了施工技术交底。

3.1.5 场地平整，对松软场地进行了预处理，周围已挖好排水沟，并能确保安全施工。

3.1.6 基坑（槽）土方已开挖至地下水位以上 500mm。

3.2 材料及机具

3.2.1 滤料：粒径为 10～20mm 的卵石或碎石。

3.2.2 滤网：40～80 目的尼龙丝网、钢丝网或铜丝网。

3.2.3 滤管：直径为 50～200mm 的水泥过滤管、塑料管或波纹塑料管。

3.2.4 集水井管：无砂井管或钢制滤管。

3.2.5 集水井壁、排水沟壁：砌体、木板、竹笼或钢筋笼等。

3.2.6 排水管：直径 38～55mm 的胶皮管、塑料透明管或消防水带等。

3.2.7 机具：铁锹、镐。

3.2.8 机械设备：小型挖土机、备用发电机、离心泵、自吸泵、潜水泵或污水泵等。

4 操作工艺

4.1 工艺流程

$\boxed{\text{放线定位}} \rightarrow \boxed{\text{布设排水系统和沉淀池}} \rightarrow \boxed{\text{设置排水沟和集水井}} \rightarrow \boxed{\text{安放水泵抽水}}$

4.2 放线定位

根据施工方案规定位置放出集水井和排水沟位置及轮廓线。集水井和排水沟宜布置在距基础边 0.4m 以外，排水沟边距边坡坡脚不应小于 0.3m，集水井宜布置在基坑（槽）四角或每隔 20～30m 布置一个。集水井平面尺寸一般为 0.6m×0.6m～0.8m×0.8m。

4.3 布设排水系统和沉淀池

按施工方案的规定在基坑周边铺设排水管路，集中排走各集水井抽出的地下水；抽出的水应经分级沉淀，再排入城市雨水管网或其他排水系统。集中排水管道的直径应根据排水量确定，并设置清淤孔。

4.4　设置排水沟和集水井

4.4.1　排水沟和集水井采用人工或小型机械开挖。排水沟底面应比挖土面低 300～400mm，集水井底面应比沟底低 500mm 以上。明沟与盲沟的坡度不宜小于 0.3％；采用管道排水时，排水管的坡度不宜小于 0.5％。

4.4.2　应先挖集水井，用污水泵临时排水，排水沟可从集水井处开始向上游开挖。

4.4.3　当降水深度较深时，应先在拟设置集水井的附近布设临时集水井，轮换作业，最后完成正式集水井；也可采用沉管法施工，按沉管→抽水→挖土→沉管的方法逐级开挖。

4.4.4　当集水井坑挖到规定深度后，安放集水井系统，集水井系统由滤管、滤网和滤料组成。或是采用砖砌、木板、竹笼或钢筋笼等方法对井壁加固，井底应铺设滤料，防止井底土扰动。

4.4.5　排水沟有梯形或 V 形明沟。有内置滤料的排水明沟或暗沟，根据需要在暗沟内埋设金属、塑料或混凝土排水滤管将地下水引入集水坑。

4.5　安放水泵抽水

在集水井处安放水泵抽水，常用污水潜水泵。水泵的扬程和排水量宜大于要求值。

5　质量标准

5.0.1　明排水施工质量检验标准应符合表 1-1 的规定。

明排水施工质量检验标准　　　　　　　　　　　　　　　　表 1-1

检查项目	允许偏差	检查方法
排水沟坡度	≥3‰	尺量、目测：坑内不积水，沟内排水畅通

6　成品保护

6.0.1　排水沟、集水井和集中排水管道应进行日常维护，防止明沟内有杂物堵塞，集水井内沉淀物应及时清理。明沟、集水井和集中排水管道应设警示标志，防止机械撞坏。

3

6.0.2 当明沟内有滤料时，滤料应填至与沟平，防止沟边坍塌。

6.0.3 集水井井口宜加盖，防止异物掉入井内。

6.0.4 水泵电缆应埋地或架空设置。

6.0.5 雨季期间应采取有效防雨施工措施，防止雨水浸泡基坑（槽）。

7 注意事项

7.1 应注意的质量问题

7.1.1 集水井井管外要包裹1～2层60目滤网并填滤料，防止排水含泥量大，延长水泵使用寿命。

7.1.2 排水盲沟内埋设滤水管道排水时，滤水管应采用滤网包裹，盲沟内填滤料。

7.1.3 当边坡出现分层渗水时，可按不同层次设置导水管、导水沟等构成分层明排系统，或采用插钢板、砌砖或草袋墙等辅助措施。当边坡渗水量过大时，可采用水平导水降水法，应选用有足够排水能力和扬程的水泵，以防集水井中积水不能及时排出，造成基坑浸泡。

7.1.4 对降水运行的水泵应做好运行记录，发现异常及时更换维修。

7.1.5 对基坑（槽）抽排出的地下水须做有效疏导，排出基坑（槽），避免向基坑（槽）回流、回渗。

7.1.6 当发生流泥，明沟不能保持其形状时，应边挖边填入卵石或碎石滤料。

7.1.7 当明沟坡度小或过滤层材料渗透性差不能顺利排水时，应加大明沟沟底坡度，选择渗透性良好的滤料或在滤层中埋设引水管。

7.1.8 应有备用电源，发生停电时启用。

7.2 应注意的安全问题

7.2.1 禁止违章作业，未经允许不得擅自离开工作岗位。明沟排水设施完成后，应安排专人管理，定期巡查，及时开停潜水泵。

7.2.2 整个基坑（槽）排水期间，应对降排水系统加强维修，避免影响结构安全和施工安全。

7.2.3 水泵用导线应采用防水绝缘电缆，应一机一闸，设有漏电保护器，做好接零保护，并随时检查绝缘情况。

7.2.4 潜水泵放入水中或提出水面时，应先切断电源，严禁拉拽电缆或出水管。

7.2.5 降排水期间，安全人员必须详细检查基坑（槽）周围地面，防止塌方；基坑（槽）须设置围挡和警示标志。

7.2.6 坑边的排水、热力、给水系统等均认真检查维护，防止漏水而影响边坡稳定。

7.2.7 雨季排水时，应采取截水、导水措施，防止雨水从坑外回灌；采取覆盖保护边坡措施，防止雨水冲刷边坡。

7.3 应注意的绿色施工问题

7.3.1 抽出的水经过沉淀后，方可排入城市污水管网，或用于现场洒水降尘或洗车轮胎、浇花草。

8 质量记录

8.0.1 滤管、井管、排水管等的出厂合格证。

8.0.2 降水与排水施工质量检查记录。

8.0.3 测量放线记录。

8.0.4 施工记录。

8.0.5 其他技术文件。

第2章 管井降水

本工艺标准适用于工业与民用建筑和市政基础设施基坑（槽）管井降水施工。适用于渗透系数大于 1m/d 的粉质黏土、粉土、砂土、碎石土、岩石等地层。

1 引用标准

《建筑地基基础工程施工规范》GB 51004—2015

《管井技术规范》GB 50296—2014

《建筑地基基础工程施工质量验收规范》GB 50202—2018

《建筑与市政工程地下水控制技术规范》JGJ 111—2016

《施工现场临时用电安全技术规范》JGJ 46—2005

《建筑基坑支护技术规程》JGJ 120—2012

《机井井管标准》SL 154—2013

2 术语

2.0.1 管井降水：在地下工程施工时，为降低地下水位而设置的抽水管井，一般由井壁管、过滤管、沉淀管、吸水管和抽水设备等组成的降水方法。

3 施工准备

3.1 作业条件

3.1.1 具有岩土工程勘察报告、各层土的渗透性能、已查明含水层的厚度、流向、地下水类别和水位等。

3.1.2 已编制经审批的降水工程设计方案和施工方案，向有关人员进行技术交底。

3.1.3 施工现场已达到三通一平，并完成了对场地内地上、地下各种管网、构筑物的拆除、改移和保护工作。

3.1.4 对现场地面标桩、基槽开挖线等进行检查核对，并办理交接手续。

3.1.5 现场临时用电方案审批手续齐全，验收合格。

3.2 材料及机具

3.2.1 井管：可选用管径大于 200mm 的钢管、球墨铸铁管、PVC-U 管和混凝土管。其规格尺寸和质量标准应符合现行行业标准《机井井管标准》SL 154—2013 的规定。

3.2.2 滤料：一般粉土层采用中粗砂，砂性土层采用 2～4mm 砾石，碎石土地层采用 3～7mm 砾石，滤料的含泥量应小于 3%。

3.2.3 黏土：黏土或黏土球。

3.2.4 钻孔机械：一般采用冲击钻机、回转钻机成孔。井孔成孔常用钻机型号见表 2-1。

井孔成孔常用钻机型号 表 2-1

钻机类型	钻机型号	直径（mm）	深度（m）
回转钻机	GJD－1500	600～2000	50
	QJ－250	600～2500	100
	SPS－600	350～650	600
	GQ－12	500～1200	50～300
冲击钻机	YKC－30	400～1500	40～200
	CZ－22	600	300

3.2.5 水泵：清水或污水潜水泵，并宜用下泵式。

3.2.6 备用发电机（或电源）。

3.2.7 排水设备和管材：胶皮水管、集水总管、沉淀箱等。

3.2.8 其他附属设备：电缆、闸箱、护筒、铁锹、手推车、抽筒等。

3.2.9 观测仪表：密度计、测绳、钟表、水准仪等。

4 操作工艺

4.1 工艺流程

测量放线 → 挖泥浆池 → 钻机就位钻孔 → 清孔换浆 → 安放井管 → 填滤料 →

洗井 → 安装水泵 → 铺设排水管网 → 试抽、验收 → 降水及水位观测

4.2 测量放线

根据降水工程设计施工方案规定的井位测设管井位置，用水准仪测出管井所在位置地面标高，做出井位标记。

4.3 挖泥浆池

泥浆池的大小按钻孔机械类型、井深、井数、排浆量综合确定，泥浆池可多井一池。泥浆池的选定与开挖应避开地下管网，防止跑浆、漏浆排入城市管网。泥浆池的开挖深度不应大于基坑开挖深度。

4.4 钻机就位钻孔

4.4.1 按降水工程设计施工方案选用钻机，将钻机运至指定井位处调平，机座下用枕木支垫平稳，冲击钻机用缆风绳固定牢靠。

4.4.2 按规定的井孔直径选用合适的钻具。

4.4.3 井孔护壁：

1 根据地层条件、水源情况和技术要求合理性，采用制备泥浆或地层自造浆护壁。

2 在钻进或停钻时，井孔内泥浆面应高于护筒下口至少 0.5m。如果泥浆漏失严重，应将钻具迅速提到安全孔段，及时查明原因，处理后再继续钻进。

3 采用地层自造浆护壁时，必须有充足的水源，水位应高于护筒下口 0.5m。

4 护筒外径一般应比钻具直径大 50～100mm，下入深度可根据地层及水位具体情况确定。护筒应固定于地面，筒身保持垂直，其中心与钻具中心一致。护筒外壁与井孔壁之间的间隙应用黏土填实。

4.4.4 冲击钻机成孔应符合下列规定：

1 对中井位，开挖井坑，压入或埋设护筒。

2 下钻前，应检查钻头的外径和出刃、抽筒肋骨片的磨损情况、钻具连接丝扣和法兰连接螺栓松紧度，如磨损过多应及时修补，丝扣松动应及时上紧。

3 下钻时，应将钻头吊稳后，再导正下入井孔。进入井孔后，不得全松刹车、高速下放。

4 钻进放绳应准确适量，以保持垂直冲击。在钻具未全部进入护筒前，应采用小冲程单次冲击，以防钻具摆动造成孔斜或伤人。缆风绳在钻进中不得轻易变动。

5　提钻时，应缓慢提离孔底数米，确认未遇阻力后，再按正常速度提升；如发现有阻力，应将钻具下放，钻头转动方向后再提，不得强行提拉。提钻时，应注意观察或测量钻进钢丝绳的位移，如偏差较大，应查找原因，及时纠正。

6　钻进时，发现塌孔、斜孔时，应及时处理。发现缩孔时，应经常提动钻具修扩孔壁，每次冲击时间不宜过长，以防卡钻。

7　钻进过程中适时用抽筒掏渣。

4.4.5　回旋钻机成孔应符合下列规定：

1　开钻前，应按井孔直径、地层岩性及深度选择钻具。在砾石岩层及软硬交互等复杂地层中钻进，钻塔有效高度宜适当加大。

2　开挖井坑，压入或埋设护筒，移动钻机使钻具对准井孔中心。

3　每次下入钻具前，应检查钻具，如发现脱焊、裂口、严重磨损等情况，应及时补焊或更换。

4　每次开钻前，应先将钻具提离孔底，开动泥浆泵，等浆液流畅后，再用慢速回转至孔底，然后开始正常钻进。

5　在主动钻杆上端加导向装置，并采用慢转速、轻钻压钻进，防止钻杆晃动造成孔斜。

6　钻进过程中，如发现钻具回转阻力增加、负荷增大、泥浆泵压力不足等反常现象，应立即停止钻进，检查原因。

4.5　清孔换浆

当钻至规定深度后，应及时向井孔内送入稀泥浆，以替换稠泥浆。冲击钻进用抽渣筒将孔底稠泥浆掏出，换入稀泥浆或加清水稀释，送入井孔内的泥浆，要求黏度为 $16\sim18\mathrm{Pa\cdot s}$，比重为 $1.05\sim1.10\mathrm{g/cm^3}$。换浆过程中，应使泥浆逐渐由稠变稀，不得突变。当孔口返上泥浆与送入孔内泥浆性能接近一致时，换浆达到标准。

4.6　安放井管

4.6.1　管井中沉淀管、滤水管和井壁管的竖向排列布置应符合降水设计要求，沉淀管应封底。

4.6.2　下管方法应根据管材强度、下置深度和起吊能力等因素确定。悬吊下管法宜用于井管自重（或浮重）小于井管允许抗拉力和起重设备的安全负荷；托盘（或浮板）下管法宜用于井管自重超过井管允许抗拉力和起重设备的安全负荷。

4.6.3 井管为铸铁管或钢管时，将预制好的井管按设计要求排序，用吊车分段下入孔内，分段焊接或用管箍连接牢固，直下到孔底。

4.6.4 井管为无砂混凝土管时，将井管放在木制或混凝土预制托底上，四周捆绑 8 号铁丝，缓缓下放。井管接头处用玻璃丝布粘贴（以免挤入泥沙淤塞井管），竖向用 4～6 条 30mm 宽竹条固定进管。

4.6.5 吊放井管时应垂直，并保持在井孔中心。井管要高出地面 200mm，井口加盖，以防雨水、泥沙或异物流入井中。

4.7 填滤料

4.7.1 填滤料前应换浆完毕，井孔中泥浆比重应达到 1.05～1.10g/cm³。

4.7.2 井深小于 30m 的井孔，滤料可由孔口直接填入。深度大于 30m 的井孔，宜用井管处返水填料法或抽水填料法。采用井管外返水填料法时，中途不宜停止；采用抽水填料法时，必须随时向井管与井壁之间的间隙内补充优质稀泥浆。

4.7.3 填滤料宜用铁锹均匀连续下料，并随时测量填砾深度，不得用装载机直接填料，防止滤料不匀或冲击井壁。

4.7.4 洗井后，如滤料下沉量过大，还应补填至设计要求高度。

4.8 洗井

4.8.1 洗井应在填滤料后及时进行。洗井的质量标准是：抽水稳定后，水中细砂含量应小于万分之一（体积比）。

4.8.2 常用的洗井方法有活塞洗井、压缩空气洗井、水泵抽水或压水洗井，应根据含水层特性、井孔结构、井管材质、井孔中水力特征及含泥沙情况选择。

4.8.3 活塞洗井：

活塞洗井适用于井管为钢管或铸铁管。井管为 PVC-U 管、无砂混凝土管、钢筋混凝土管时，不应使用活塞洗井。

洗井活塞可用木制，也可用铁制。木制活塞外包胶皮，活塞外径可比井管内径小 8～12mm，使用前应先在水中浸泡 8h 以上。铁制活塞用法兰夹层横向橡胶垫片制成，垫片外径可比井管内径大 5～10mm。

洗井应从上向下逐层进行，不得一次把活塞放至井底。活塞下放时应平稳，上升速度应均匀（宜控制在 0.6～1.2m/s），中途受阻不应硬拉猛墩。

用回转钻机钻孔时，还可用下述方法洗井：

泥浆泵配合活塞洗井：在钻杆下段加活塞，可在钻杆下端连接一特制短管，管外加1~2个活塞，短管的下端接注水喷头。用泥浆泵通过钻杆向井孔内送水，同时拉动活塞洗井。

空气压缩机配合活塞洗井：在钻杆下段加活塞，钻杆上端接空气压缩机输气胶管，用空气压缩机送风抽水，同时拉动活塞洗井。

4.8.4 压缩空气洗井：

风、水管的安装可采用同心式或并列式两种形式。

风管没入水中部分的长度，不应超过空气压缩机额定最大风压相当的水柱高度。

洗井可采用正冲洗和反冲洗两种作业方法。正冲洗：风、水管同时下放，并使水管底端高出风管底端2m左右，送风吹洗，由水管出水；反冲洗：将风管下入井孔内足够深度，然后送风，便可进行反冲洗。

洗井时如大量涌沙应立即停止运转，提升风、水管，以免风、水管被泥沙淤埋。

4.8.5 水泵抽水或压水洗井：

水量大、水位浅的井孔，可用水泵抽水洗井。当水中明显含砂时，应使用混水泵。

在富水性较差、稳定性较好的松散层中进行泥浆钻进时，出水量小的井孔可采用封闭管口，以水泵或泥浆泵向井孔内压送清水，分段冲洗滤水管的洗井方法。

4.9 安装水泵

4.9.1 下泵时不应使电缆受力，应用绳索将电缆拴在水泵耳环上缓慢下放。下入到设计深度后，应将水泵用绳索吊住。

4.9.2 安装并接通电源、铺设电缆和电闸箱，电缆应悬空吊住不得与井孔壁接触和摩擦。

4.10 铺设排水管网

排水管采用铸铁管、钢管或PVC-U管，直径应满足基坑总出水量的要求，可采用单向或多向排水。排水管应接至沉淀池及指定排水点。

4.11 试抽、验收

管井系统安装完毕，应及时进行试抽水，核验水位降深、泵组工作情况、出水量、出沙量等，试抽后应组织现场验收。

4.12 降水及水位观测

4.12.1 抽水应连续进行，不应中途间断。

4.12.2 降水期间应按降水设计施工方案的规定进行水位观测，具体要求如下：

1 应设水位观测井并应在基坑的典型部位布置水位观测井，观测井宜与降水管井结构一致。

2 抽水应进行静止水位的观测，抽水初期每天观测 3 次，当水位达到设计降水深度且趋于稳定时，可每天观测 1 次，水位观测精度为±20mm。

3 受地表水体补给影响的地区或雨季时，观测次数宜每日 2～3 次。

4.12.3 随时整理水位、水量监测记录，分析水位下降趋势。

4.12.4 当基础防水工程验收合格并回填土后，且基础的抗浮稳定性符合要求时，降水方可停止。

5 质量标准

5.0.1 管井降水施工质量检验标准应符合表 2-2 的规定。

管井降水施工质量检验标准   表 2-2

检查项目	允许偏差	检查方法
井管垂直度（%）	1	插管时目测
井管间距（与设计相比）（mm）	≤150	尺量检查
井管插入深度（与设计相比）（mm）	≤200	水准仪测量
过滤砂砾料填灌（与计算值相比）（%）	≤5	检查滤料用量

6 成品保护

6.0.1 为防止异物掉入井中，井口应加盖保护。

6.0.2 基坑开挖时应派专人值班，配合移动抽水管和电缆；挖土应在井管周边同步进行，且控制每步挖深，防止井管因土压倾倒，并避免挖掘机碰撞井管。

7 注意事项

7.1 应注意的质量问题

7.1.1 钻（冲）井孔时，应根据水文地质条件和土层物理力学性质合理选择钻孔设备，正确制备泥浆，准确控制孔内泥浆高度和钻速度，以防塌孔。

7.1.2 当孔口土层较松软时，应设护筒，必要时增加护筒长度。

7.1.3 井管接头应对正不留孔隙。混凝土管的强度应符合要求，无破裂处，且必须有良好的渗水性能。滤料应填实，填灌厚度不得小于设计要求；滤网应包严密，捆扎牢固。

7.1.4 水泵的出水量应与井孔的涌水量相适应。根据井孔内水位的变化，适时调整水泵的位置。水泵不得露出水面，也不得陷入淤泥中运转。

7.1.5 应经常观察出水量、电压、电流值和井孔中响声，如发现水量减少、中断或其他异常现象，应立即停泵检修处理。

7.1.6 应采用双路供电或备用发电机。

7.1.7 冬期施工应做好保温防冻工作，并保持抽水连续、管路严密，以防止抽水管路、排水管路受冻阻塞。

7.2 应注意的安全问题

7.2.1 安装、移动、拆卸钻机时，必须明确分工、统一指挥。

7.2.2 机械设备应由专人操作，并做好日常维护、检修和保养工作。

7.2.3 施工现场的配电线路应由持证电工安装、维护和拆除，机电设备必须安设漏电保护器，做好接零保护。潜水泵的负荷线应采用防水橡皮护套铜芯软电缆。

7.2.4 潜水泵放入水中或提出水面时，应先切断电源，严禁拉拽电缆或出水管。

7.2.5 降水期间应对周边的建筑物、道路管线等进行监测。发现异常及时分析原因，采取措施。

7.3 应注意的绿色施工问题

7.3.1 抽出的水经过沉淀后方可排入城市污水管网，或用于现场洒水降尘或洗车轮胎、浇花草。

8 质量记录

8.0.1 测量放线记录。

8.0.2 滤料、井管、排水管等产品合格证。

8.0.3 施工记录。

8.0.4 管井降水记录。

8.0.5 管井降水施工质量检查记录。

8.0.6 管井降水运行维护记录。

8.0.7 降水影响范围内建（构）筑物变形观测记录。

8.0.8 其他技术文件。

第 3 章　轻型井点降水

本工艺标准适用于工业与民用建筑、市政基础设施工程基坑（槽）轻型井点降水的施工。适用于渗透系数 $k=0.01\sim20.0\mathrm{m/d}$ 的人工填土、粉质黏土、粉土和砂土的土层；适用的降水深度为单级井点不大于 6m，多级井点不大于 20m。

1　引用标准

《建筑地基基础工程施工规范》GB 51004—2015

《建筑地基基础工程施工质量验收规范》GB 50202—2018

《建筑与市政工程地下水控制技术规范》JGJ 111—2016

《建筑基坑支护技术规程》JGJ 120—2012

2　术语

2.0.1　轻型井点降水：沿基坑（槽）四周、中部或一侧将直径较细的井管沉入基底下的含水层内，井管上端与总管连接，通过总管利用专用抽水设备将地下水从井管内不断抽出，使地下水位降低到基底以下的降水方法。

3　施工准备

3.1　作业条件

3.1.1　已编制经审批的降水工程设计施工方案，向有关管理操作人员进行技术交底。

3.1.2　施工场地达到三通一平，施工作业范围内的地上、地下障碍物及管线已改移或保护完毕。

3.1.3　具有岩土工程勘察报告及基础部分的施工图纸。

3.1.4　现场临时用电方案审批手续齐全，验收合格。

3.2 材料及机具

3.2.1 滤料：一般采用粒径为 0.4～0.6mm 的中粗砂，宜选用磨圆度较好的圆形、亚圆形硬质砂。应洁净无杂质，无风化，颗粒均匀（不均匀系数 $\eta < 2$）。

3.2.2 成孔设备：钻孔法成孔采用长螺旋钻机或回旋钻机；冲孔法成孔采用三脚架和冲水机具，其冲水机具名称、性能规格见表 3-1。

冲孔法冲水机具的名称、性能规格 　　　　　　　　　　表 3-1

名称	性能规格	备注
冲管	直径 50～70mm、长 9m 的钢管，底部安装 4 个直径 5～8mm 的冲嘴	用于冲刷土层成孔
高压胶管	长度为 12～15m，直径与冲管和高压水泵相匹配	连接高压水泵和冲管
高压水泵	额定压力不小于 1.5MPa	/

3.2.3 洗井设备：用空气压缩机，其型号及技术参数见表 3-2。

空气压缩机型号及技术参数 　　　　　　　　　　表 3-2

型号	电机功率（kW）	排量（m³/min）	工作压力（MPa）
V—0.67/7	5.5	0.67	0.7
W—0.67/10	5.5	0.67	1.0

3.2.4 降水管道

1 井点管：管径为 38～110mm，常用 42～50mm 的金属管或 PVC-U 管，管长 6～10m。

2 过滤管：长 1.2～2.0m 钢管或 PVC-U 管，与井管用螺纹套头连接，管面上钻直径为 14～15mm、呈梅花形分布的滤孔，滤孔面积一般为滤管表面积的 15％～20％。外壁垫筋，包裹镀锌铅丝，间隙 0.5～1.0mm，外包 1～2 层 60～80 目的尼龙网、铜丝网或土工布滤网，或包 1～2 层棕皮，用铅丝捆扎牢固。

3 连接软管：应为高压软管，长度为 1～2m，直径与井点管和集水总管相匹配。

4 集水总管：根据出水量大小选用直径 75～150mm 的钢管，在管壁一侧每隔 0.8～2.0m 设一个与井点管的连接接头，总管之间用法兰连接。

5 排水管：一般采用直径 100～250mm 的钢管或塑料管，采用螺纹连接、法兰连接或粘接。

3.2.5 抽水机组：常用干式真空泵机组、射流泵机组。

干式真空泵机组：以 W 型为例，机组主要设备性能见表 3-3。

W 型抽水设备主要性能 表 3-3

名称	规格型号	数量（台）	性能	用途	备注
真空泵	W₄	1	真空度 99.992kPa，抽气速率 379m³/h，功率 10kW	真空抽水	
离心式水泵	3BL-9 或 3BA-9	2	流量 45m³/h，扬程 32.6m，功率 7.5kW	排送主水气分离器中的水	备用一台
	1 (1/2) BL-6	1	流量 11m³/h，扬程 17.4m，功率 3.0kW	供真空泵冷却水	

射流泵机组：常用 QJD 型、JSJ 型射流泵的技术性能见表 3-4、表 3-5。

QJD 型常用射流泵的技术性能 表 3-4

项目	射流泵型号		
	QJD—45	QJD—60	QJD—90
最大抽吸深度（m）	9.6	9.6	9.6
最大排气量（m³/h）	45	60	90
工作水压力（MPa）	≥0.25	≥0.25	≥0.25
电机功率（kW）	7.5	7.5	7.5
外形尺寸（mm）	1500×1010×850	2227×600×850	1900×1680×1030

JSJ 型射流泵的技术性能 表 3-5

型号	最大排水量（m³/h）	最大抽吸深度（m）	配用离心泵	
			型号	功率（kW）
JSJ60	60	9.6	3BL-9	7.5
JSJ70	70	9.6	IS65-40-200	7.5

4 操作工艺

4.1 工艺流程

测设井位 → 铺设集水总管 → 钻（冲）井孔 → 沉入井点管 → 投放滤料 →

洗井 → 封填孔口 → 与集水总管连接 → 安装抽水机组 → 安装排水管道 →

试抽验收 → 正式抽水 → 井点拆除

4.2 测设井位

根据降水工程设计施工方案规定的井位测设井点位置，用水准仪测出井点所在位置地面标高。

4.3 铺设集水总管

根据降水工程设计施工方案规定的位置安设集水总管。为增加降深，集水总管安装标高应尽量放低，当低于地面时，应挖沟后铺设集水总管，沟宽 1.0～1.5m。当地下水位降深小于 6m 时，宜用单级真空井点；当降深为 6～12m 时，宜用多级井点，集水总管的标高差为 4～5m。

4.4 钻（冲）井孔

4.4.1 硬质土采用长螺旋钻机、回旋钻机机械成孔时，钻机应安装在测设的孔位上，使其钻杆轴线垂直对准钻孔中心位置，用双侧吊线坠的方法校正调整钻杆垂直度。钻孔深度应低于井点管底 0.5m。

4.4.2 一般土采用水冲法成孔时，将三脚架安装在测设的孔位上，用高压胶管连接冲管与高压水泵，起吊冲管对准钻孔中心，开动高压水泵边冲边沉，并将冲管上下左右摆动，以加速土体松动。冲水压力根据土层的坚实程度确定：砂土层采用 0.5～1.25MPa，黏性土采用 0.25～1.5MPa。冲孔深度应低于井点管底 0.5m。

4.5 沉入井点管

当井孔达到预定深度后，立即降低冲水压力，迅速拔出冲管，沉入井点管。井点管应位于井孔正中位置，严防剐蹭井壁和插入井底，井点管顶应高于地面300mm，管口应临时封闭以免杂物进入。

4.6 投放滤料

滤料应均匀地从管周围投放，保持井点管居中，并随时探测滤料深度，以免堵塞或架空。滤料顶面距地面应为 2m 左右，滤料填好后，保护孔口，防止异物掉入。

4.7 洗井

投放滤料后应及时洗井。应采取措施防止洗出的浑水回流入孔内，洗井后如滤料下沉应补投。洗井方法有：

4.7.1 清水循环法：可用集水总管连接供水水源和井点管，将清水通过井点管循环洗井，浑水从管外返出，水清后停止。

4.7.2　空压机法：采用直径为 20～25mm 的风管将压缩空气送入井点管底部过滤器位置，利用气体反循环的原理将滤料空隙中的泥浆洗出。宜采用洗、停间隔进行的方法洗井。

4.8　封填孔口

每个井孔洗好后应立即用黏性土将管周顶部 2m 范围填实封平。

4.9　与集水总管连接

井点管施工完成后应用高压软管与集水总管连接，接口必须密封。各集水总管之间宜设置阀门，以便对井点管进行维修。各集水总管宜稍向管道水流下游方向倾斜，然后将集水总管固定。

4.10　安装抽水机组

按降水工程设计施工方案规定的位置，将抽水机组稳固地安装在平整、坚实、无积水的地坪上，水箱吸水口与集水总管处于同一高程。机组宜设置在集水总管中部，各接口必须密封。

4.11　安装排水管道

将排水管从抽水机组出水口接至规定的沉淀池和排水点，管口要连接严密。

4.12　试抽验收

各组井点系统安装完毕，应及时进行试抽水，核验水位降深、出水量、管路连接质量、井点出水和泵组工作水压力、真空度及运转情况等。试抽后应组织验收，当发现出水浑浊时，应查明原因，及时处理，严禁长期抽吸浑水。验收合格后应在观测孔内观测静止水位高程。

4.13　正式抽水

4.13.1　降水期间应按规定观测记录地下水的水位、流量、降水设备的运转情况以及天气状况。雨季降水应增加观测频率。

4.13.2　水位、水量监测记录应及时整理，绘制水量 Q 与时间 t 和水位降深值 S 与时间 t 过程曲线图，分析水位下降趋势并查明降水过程中的不正常状况及其产生的原因，及时采取调整补充措施，确保降水顺利进行。

4.13.3　当基础防水工程验收合格并回填土后，且基础的抗浮稳定性符合要求，降水方可停止。

4.14　井点拆除

井点管拆除可用三脚架导链或吊车拔管。多层井点拆除应先下层后上层，逐层向上进行，在下层井点拆除时，上层井点应继续降水。井点管拔除后，应及时用砂将井孔回填密实。如井孔位于建筑物或构筑物基础以下，且设计对地基有特殊要求时，应按设计要求回填。

5 质量标准

5.0.1 轻型井点施工质量检验标准见表3-6。

轻型井点施工质量检验标准 表3-6

检查项目		允许偏差	检查方法
井点管垂直度（%）		1	插管时目测
井点管间距（与设计相比）（mm）		≤150	用钢尺量
井点管插入深度（与设计相比）（mm）		≤200	水准仪测量
过滤砂砾料填灌（与计算值相比）（%）		≤5	检查滤料用量
井点管真空度（kPa）	轻型井点	>60	真空度

6 成品保护

6.0.1 降水期间应对抽水设备的运行情况及管路的完好情况进行检查维护，每天不应少于3次，并做好记录。

6.0.2 降水期间应避免碰撞、挤压集水总管、井点管、连接管和排水管。

7 注意事项

7.1 应注意的质量问题

7.1.1 轻型井点抽水时应保持要求的真空度，除降水系统做好密封外，还应采取保护边坡面的措施，避免因土方开挖使井点管暴露造成漏气。

7.1.2 排水管出水中含泥沙量突然增大时，应立即查明原因进行处理。

7.1.3 当发现井点管不出水时，应判别井点管是否淤塞。当影响降水效果时，应及时拔除废管、布设新管。

7.1.4 检查抽水设备时，除采用仪器仪表量测外，也可采用摸、听等方法并结合经验对井点出水情况逐个进行判断。

7.2 应注意的安全问题

7.2.1 应采用双路供电或备用发电机。

7.2.2　钻（冲）井孔时，应及时清运泥浆弃土，保持地面平整坚硬，防止人员跌伤。

7.2.3　现场用电应符合国家现行标准《施工现场临时用电安全技术规范》JGJ 46 的规定，确保安全。

7.2.4　周边地下管线漏水、地表水渗入时，应及时采取断水、堵漏、隔水等措施进行治理。

7.2.5　现场机械操作人员必须持证上岗，各种机械设备必须由专人负责维护保养。

7.2.6　雨期施工应有防雨、防潮措施；冬期施工应有避风、防冻、防滑措施；停泵后应及时放空管道和水泵内的存水。

7.2.7　降水期间应对周边的建筑物、道路管线等进行监测，发现异常及时分析原因，采取措施。

7.3　**应注意的绿色施工问题**

7.3.1　抽出的水经过沉淀后，方可排入城市雨水管网或其他管道；或也可用于现场洒水降尘或洗车轮胎、浇花草。

7.3.2　泥浆、弃土外运时必须覆盖，避免产生扬尘和遗撒。

8　质量记录

8.0.1　滤料、井点管、过滤器、连接软管、集水总管、排水管和管件等产品合格证。

8.0.2　轻型井点降水记录。

8.0.3　轻型井点施工质量验收记录。

8.0.4　降水影响范围内建（构）筑物变形监测记录。

第4章 土石方爆破

本工艺标准适用于工业与民用建筑、市政基础设施工程场地平整、基坑（槽）挖土中岩石炸除、旧基础障碍物清除以及冻土破碎的土石方爆破等。

1 引用标准

《土方与爆破工程施工及验收规范》GB 50201—2012
《工程测量规范》GB 50026—2007
《建筑工程施工质量验收统一标准》GB 50300—2013
《建筑边坡工程技术规范》GB 50330—2013
《爆破安全规程》GB 6722—2014
《岩土工程勘察规范》GB 50021—2001 [2009 版]
《建筑施工土石方工程安全技术规范》JGJ 180—2009
《建筑机械使用安全技术规范》JGJ 33—2012

2 术语

2.0.1 爆破有害效应：爆破时对爆区附近保护对象可能产生的有害影响。如爆破引起的振动、个别飞散物、空气冲击波、噪声、水中冲击波、动水压力、涌浪、粉尘、有毒气体等。

2.0.2 爆破安全监测：采用仪器设备等手段对爆破施工过程及爆破引起的有害效应进行测试与监控。

3 施工准备

3.1 作业条件

3.1.1 爆破施工前应编制详细的爆破专项施工方案，方案依据有关规定进行安全评估，并报经所在地公安部门批准后，再进行爆破作业。施工前必须进行现场试爆，取得各项参数，以便验证是否满足爆破效果要求。

3.1.2 建立爆破指挥机构，明确爆破作业及相关人员的分工和职责；爆破前发布爆破作业通告。

3.1.3 划定爆破作业范围，在警戒区的边界设立警戒岗哨和警示标志。

3.1.4 场地清理：开挖前应做好堑顶和场内临时排水，对场地内的植被和其他建筑物进行清理；爆破影响范围内的地上、地下障碍物，如供电、通信、照明线路、电缆、供水、供热、供气管线、树木、坟墓等均已拆除、迁移或改线。

3.1.5 爆破作业单位应有相应的资质，爆破作业人员必须是经过上岗培训，并取得相关资格。

3.1.6 覆盖材料：在采用控制爆破法时，为防止飞石，常采用覆盖的方法。常用材料有草袋、草垫、荆笆、铁丝网、尼龙绳、橡胶管帘、废轮胎及废旧钢板等。

3.2　材料与机具

3.2.1 材料

1 炸药：硝铵炸药、铵油炸药、水胶炸药、乳化炸药等。

2 电雷管：火雷管、电雷管、导爆管雷管、电子雷管等。

3 火具：导火索、导爆索、塑料导爆管等。

4 导线。

5 起爆器。

6 测量仪表。

3.2.2 机具

1 潜孔钻机、手持风镐、各种动力凿岩机、凿岩钻车、装药机、空压机、装载机、推土机、挖掘机。

2 人工凿孔机具：钢钎、铁锤。

3 检测仪表：万能表、爆破电桥、小型欧姆计、伏特计、安培计等。

4 其他机具：掏勺、木质炮棍等。

4　操作工艺

4.1　工艺流程

放线定位 → 凿孔 → 药卷（包）制作及起爆雷管安放 → 装药与堵塞 →

连接爆破网络 → 防震、防护覆盖 → 起爆 → 检查效果、处置瞎炮

4.2 放线定位

4.2.1 炮眼的位置、深度和方向应符合爆破专项施工方案的规定。

4.2.2 炮眼布置应选择在有较大、较多的临空面上。如没有这种条件，可以有计划地改造地形创造临空面，一般在有两个以上的临空面地形的情况下，炮位距各临空面的距离最好相等。

4.2.3 为避免削弱爆破效果，炮孔应避免选择在岩石裂隙处或石层变化的分界线上。

4.2.4 根据岩层的地形及性质，选择合理的最小抵抗线。一般爆破的最小抵抗线长度不宜超过炮眼的深度。在平缓坡地采用多排炮眼爆破时，为使爆破均匀，排距之间应做成梅花形交错布置。爆破开挖管沟（坑、槽）时，炮眼深度不得超过沟（坑、槽）宽的 0.5 倍。如超过，应采用分层爆破。

4.2.5 炮眼深度一般可根据凿岩机能力、岩石坚固性以及出渣方式等确定。也可参照表 4-1。

炮眼深度参考表   表 4-1

开掘方法	炮孔深度（m）
人工凿孔，人工出渣	0.8～1.2
轻型凿岩机凿孔，人工出渣	1.5～1.8
重型凿岩机凿孔，人工出渣	1.8～2.0
轻型凿岩机凿孔，机械出渣	2.0～2.5
重型凿岩机凿孔，机械出渣	2.5～3.0

4.2.6 炮眼直径根据土石的坚固性、凿岩机能力、炸药性能等确定。应符合爆破专项施工方案的规定。

4.3 凿孔

4.3.1 人工凿孔

当凿孔量不大、缺乏凿孔设备或受施工现场条件限制时，常使用人工凿孔方法。凿孔前，先将孔位的松动土石清除干净，将钢钎垂直置于孔位上。开始锤击时，应先轻击，以使钢钎温度稍升高后再猛击，以免钢钎断裂。凿孔操作应稳、准、狠，锤要击在钢钎中心，使刃口受力均匀，禁止对面击锤。锤击过程中，钢钎应随时稍提转动，刃口的宽度应随钢钎的长度不同而改变，一般浅孔打眼刃口可加大到 40mm；深孔打眼（3～5m），刃口可加大到 45mm。随孔深的增加，刃口要逐渐减小，但孔底应保持35mm直径，以防卡钎。炮眼打到设计深度后，用掏勺或皮老虎将孔内石粉清除干净，再用废纸将炮眼堵塞。

4.3.2　机械凿孔

先清除孔位的松动土石，将空压机的压缩空气量和气压调到规定标准。开凿时，先用开门短钻杆，一般每凿500mm深更换一次长钻杆，炮眼较深时应凿成口大底小的孔眼，以防卡钻。如遇松软石质或穿过土夹层，为防卡钻可反复转动钻杆，同时吹出石粉。如遇卡钻太死而钻杆不能转动，可向孔内加水浸泡，使钻杆上、下自由活动为止。凿孔时，应扶稳钻杆并与孔眼保持在一条直线上。炮眼凿到设计深度后，应将孔内的石粉吹干净，随即用废纸堵塞。

4.4　药卷（包）制作及起爆雷管安放

4.4.1　检查爆破材料

1　雷管的检查：除外观应符合要求外，对电雷管应用万能表测量电阻值，并根据不同电阻值选配分组，分别放置，分组使用。在串联网路中，必须采用同厂、同批、同牌号的电雷管，各电雷管之间的电阻差不应超过：康铜桥丝的铁脚线0.3Ω；铜脚线0.25Ω；镍铬桥丝的铁脚线0.8Ω，铜脚线0.3Ω。

2　导火索的检查：除外观应符合要求外，还应做耐水性试验，即把导火索的两端露出水面120mm，浸入深度1m的常温静水中（水温10～30℃），耐水时间不低于2h，此时如燃烧发生有熄火或燃速不正常者，可用于干燥部位起爆，但不能用于潮湿的工作面。

4.4.2　制作火药雷管：应按照起爆所需导火索的长度（根据爆破员在点完最后一炮并进入安全地点所需的时间确定，但不小于1m），用锋利小刀切齐导火索，一端切成直角，另一端切成斜角。将直角端插入雷管，接触到大帽为止。如为金属壳雷管，可用雷管钳夹紧上部管口50mm的边缘，不能用力过猛或转动，严禁用硬物敲击；如为纸壳雷管，可用麻绳或用胶布缠缚。导火索与雷管的连接见图4-1。

4.4.3　制作起爆药卷（包）：解开药卷的一端，将药卷捏松，然后用直径5mm、长100～120mm的圆棍轻轻插入药卷中央，形成一小孔后抽出，然后将火药雷管或电雷管插入孔中，埋在药卷中部。火药雷管插入孔内的深度因炸药种类不同而有差异，如为硝化甘油类炸药，只需将雷管全部放在药卷内即可；如为其他类炸药，则将雷管插入药卷的1/3～1/2，最后收拢包皮纸，用麻绳或胶布扎牢。制作起爆药包见图4-2。

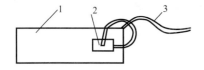
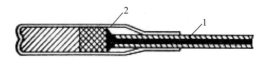

图 4-1　导火索与雷管的连接图　　　　　图 4-2　制作起爆药包

1—导火索；2—火雷管；3—导火索或脚线　　　　　　　1—药包；2—雷管

　　如用于潮湿处，则应进行防潮处理，对起爆间隔时间不同的起爆药包，应做出标记分别放置，以防装药时混淆。

4.5　装药与堵塞

4.5.1　装药前依据爆破专项施工方案核实每个炮眼的装药量。

4.5.2　装药前，应检查炮眼的位置、深度及方向是否符合要求，炮眼内的石粉、泥浆及水是否已清除干净；潮湿的炮眼可在孔底放油纸防潮或使用经防潮处理的炸药。

4.5.3　装药形式按爆破设计要求选用。当炮眼深度大于最小抵抗线的 1.5 倍时，应采用间隔分层装药，分层一般不超过四层。下层药量应占整个炮眼的 60%，装散药时最好用勺子或漏斗分层装入，每装一次应用木制炮棍轻轻压紧。如装卷药，也应用木炮棍送入轻轻压紧；起爆药卷（雷管）按不同的电阻值分组使用，放置在装药全长的 1/3 处~1/2 处。

4.5.4　炮眼装药后应进行堵塞，一般用 3∶1 的黏土和砂的混合物，加水拌和成适当稠度，以手握成团，松手不散为最佳状态。然后随堵塞随用木炮棍捣实。堵塞长度一般为最小抵抗线的 1.3~1.5 倍。堵塞时应注意保护导火索或电雷管的脚线。炮眼堵塞后，将电雷管的两根脚线接成短路。洞室、竖井药室填塞时，可在炸药上面铺三层水泥袋纸，然后在上面铺干砂，距药室不少于 1m，余下部分用石渣或黏性土与碎石的混合物回填，堵塞长度不小于抵抗线长度。

4.6　连接爆破网路

4.6.1　电力起爆网路连接：连接方法、形式及适用条件见表 4-2。一般多采用串并联法和并串联法，这两种方法可靠保证安全准爆。连接时首先按组连接，将每个雷管的脚线解开，然后将一个雷管的一根脚线与另一根雷管的一根脚线连接，一组连接完后，用万用表测量该组线路是否通路，依次连接完各组。最后将各组连接成整个网路与区域导线连接，至电源主线形成整个爆破网路。

电爆网路连接方法、形式及适当条件　　　　　表 4-2

连接方法	连接形式	优缺点及适用条件
串联法：将电雷管的脚线一个接一个地连在一起，并将两端的两根脚线接至主线，通向电源	电源　G　连接线　主线　脚线　电雷管　药室	优点：线路简单，计算和检查线路较易，导线消耗较少，需准爆电流小。 缺点：整个网络可靠性较差，如一雷管发生故障或敏感度有差别时，易发生拒爆现象。 适用于爆破数量不多，炮孔分散并相距较远，电源、电流不大的小规模爆破。可用放炮器、干电池、蓄电池做起爆电源
并联法：将所有雷管的两根脚线分别接至两根主线上，或将所有雷管的其中一根脚线集合在一起，然后接在一根主线上，把另一根脚线也集合在一起，接在另一根主线上	电源　G　主线　连接线　脚线　电雷管　药室	优点：各雷管的电流互不干扰，不易发生拒爆现象，当一个雷管有故障时，不影响整个起爆。 缺点：导线电流消耗大，需较大截面主线，连接较复杂，检查不便；当分支线电阻相差较大时，可能不同时起爆或拒爆。 适用于炮孔集中，电源容量较大及起爆少量雷管。各分支线路的电阻最好基本相同
串并联法：将所有雷管分成几组，同一组的电雷管串联在一起，然后组与组之间并联在一起	电源　G　连接线　主线　脚线　电雷管　药室	优点：需要的电流容量比并联小，同组中的电流互不干扰，药室中使用成对的雷管，可增加起爆的可靠性。 缺点：线路计算和敷设复杂，导线消耗量大。 适用于每次爆破的炮孔、药包组多，且距离较远或全部并联电流不足时，或采用分层迟发布置药室时。各分支线路的电阻必须平衡或基本接近
并串联法：将所有雷管分成几组，同一组的电雷管并联在一起，然后组与组之间再串联在一起	电源　G　连接线　主线　脚线　电雷管　药室	优点：可采用较小的电容量和较低的电压，可靠性比串联好。 缺点：线路计算和敷设复杂，有一个雷管拒爆时，仍将切断一个分组的线路。 适于一次起爆多个药包，且药室距离很长时，或每个药室设两个以上的电雷管且要求进行迟发起爆时，或无足够的电源电压时。各分支线路电阻应注意平衡或基本接近

4.6.2 导爆索起爆网路及连接：这种起爆是用导爆索直接引爆药包爆炸，不用雷管。电爆网络的连接线不应使用裸露导线，与电源开关之间应设置中间开关。所有导线接头均应按电工接线法连接，并确保对外绝缘；导线接头应避免接触潮湿地面或浸泡在水中。起爆电源能量应能保证全部电雷管准爆。电爆网络的导通和电阻值应使用专用导通器和爆破电桥检查。流经每个电雷管的电流：一般爆破交流电不小于 2.5A，直流电不小于 2.0A。

1 导爆线路的连接方式、形式及应用见表 4-3，为了安全起爆，常用分段并联法。

导爆线路的连接方式、形式及应用 表 4-3

连接方法	连接形式	优缺点及适用条件
串联法：在每个药包之间直接用导爆索连接起来	雷管 ≥400 导爆方向 导爆主线 100~150 药室	连接方便，线路简单，接头少；但连接可靠性差，在整个线路中，如有一个药包拒爆，将影响到后面所有药包。工程上较少采用
分段并联法：将连接每个药包的每段导爆索线与另一根导爆索主线连接起来	雷管 200~300 导爆方向 导爆主线 100~150 90° 导爆支线 药室	各药包爆破互不干扰，一个药包拒爆，不影响整个线路起爆，对准确起爆有可靠保证，导爆索消耗量少；但连接较复杂，检查不便，如连接不好，个别会产生拒爆。在爆破工程中应用较广
并联法：将连接每个药包的每段导爆索线捆成一捆，然后与另一根导爆索主线连接起来	雷管 导爆主线 药室 100~150 导爆支线 起爆束	连接简单，可靠性比串联好；但导爆索消耗量大，不够经济。在洞室工程药包集中时应用

2 导爆索连接时的搭接应严格按出厂说明书的规定执行。如无说明书，导爆索的搭接长度一般采用 200～300mm，但不得小于 150mm。连接时，支线的端头应朝着主线的起爆方向即雷管点燃导爆索的方向，且沿传爆方向支线与主线的夹角应小于 90°。导爆索应避免交叉敷设，必要时应用厚度不小于 150mm 的衬垫物隔开；平行敷设时，间距应大于 200mm。在药包的一端应卷绕成起爆束，以增加起爆能力。

3 当外界气温高于 30℃ 时，要用土或纸遮盖起爆索。起爆导爆索时应用两个雷管，在一个网路上设两组导爆索时，必须同时起爆。

4.6.3 塑料导爆管起爆系统及连接：导爆管起爆是利用导爆管传爆起爆药的能量引爆雷管，然后使药包爆炸。该系统由击发元件（雷管或击发枪）、传爆元件（塑料导爆管）、起爆元件（瞬发雷管、毫秒延期、半秒延期及秒延期雷管）、连接元件（每根导爆管与雷管用蜂窝形连接块、12 位连接块构成的连接体）等部分组成。网路敷设可采用串联、并联、复式网路和多发起爆式连接。大型爆破应采用可靠性高的复式网路。塑料导爆管起爆网路见图 4-3。

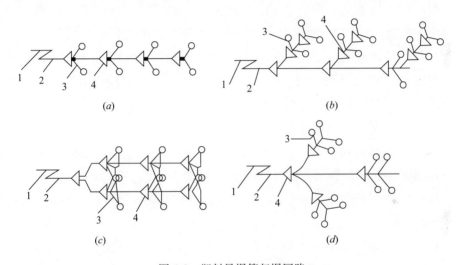

图 4-3 塑料导爆管起爆网路

(*a*) 串联；(*b*) 并联；(*c*) 复式网路连接；(*d*) 多发起爆式连接

1—击发元件；2—传爆元件；3—起爆元件；4—连接元件

导爆管网络中不应有死结，炮孔内不应有接头，孔外相邻传爆雷管之间应留有足够距离，起爆导爆管的雷管与导爆捆扎端头的距离应不小于 150mm；导爆管应均匀分布在雷管周围并用胶布等捆扎牢固。

4.7 防震、防护覆盖

4.7.1 防震技术措施：

1 采用分散爆破点及分段爆破的方法，减弱或部分消除地震波对附近建筑物的影响。

2 对地下构筑物的爆破可采用在一侧或多侧挖隔震沟的方法，减弱地震波的影响。

4.7.2 防护覆盖措施：常采用的方法是在爆破部位覆盖湿草袋、铁丝爆破防护网，或用废汽车轮胎编成排的橡胶防护垫以及荆笆、废钢板等。

4.8 起爆

4.8.1 检查爆破网路：起爆前应认真检查爆破网路连接是否正确，有无遗漏炮眼。连接是否牢靠、电源电压、电流等参数是否满足要求。

4.8.2 发出警报信号：让在警戒区的人员全部撤至安全地点，安排警戒人员以防外人误入。放炮人员待得到准确的命令后方准起爆。

4.8.3 火花起爆应指定专人计算响炮数。如响炮数与点火数不一致，检查人员应在最后一炮响后间隔不少于 20min 方可进入爆破作业区。

4.8.4 电力起爆如发生拒爆，应立即切断电源，并将主线短路。如使用即发雷管时，应在短路后不少于 5min 方可进入现场；如使用延期雷管时，应在短路后不少于 15min 方可进入现场。

4.9 检查效果、处理盲炮

4.9.1 爆破时遇盲炮，应由原装炮人员当班处理。如不可能时，原装炮人员应在现场将装炮的详细情况交代给处理人员。

4.9.2 如发现炮眼外的电线电阻、导火索或电爆线路不符合要求，可在纠正后重新起爆。

4.9.3 当炮眼不深时（500mm 以内），可用裸露爆破法处理；当炮眼较深时，可用木制工具小心将上部的堵塞物掏出，如是硝铵类炸药，可用水泥浸泡并冲洗出整个药包，并将拒爆的雷管销毁，也可将上部炸药掏出部分后，再重新装入起爆药包起爆。

4.9.4 在炮眼旁约 600mm 处，可采用平行炮眼的方法将盲炮的堵塞物掏出，插入一木制炮棍作为炮眼方向的标志。

4.9.5 如炮眼孔内还有剩药，可在原炮眼内重装起爆。在处理瞎炮时，不得把带有雷管的药包从炮眼内拉出来，也不得拉住导线把雷管从药包里提出来。

5 质量标准

5.0.1 主控项目

1 施爆后，爆裂面应较规则地出现在预定设计位置。

2 邻近建（构）筑物未受到损坏，无人员伤亡。

5.0.2 一般项目

爆破工程外形尺寸的允许偏差应符合表 4-4 的规定。

爆破工程外形尺寸的允许偏差　　　　　　　　　　　表 4-4

项目	允许偏差		
	柱基、基坑、基槽、管沟	场地平整	水下爆破
标高	$+0, -200$	$+100, -300$	$+0, -100$
长度、宽度	$+200, -0$	$+400, -100$	$+1000, -0$
边坡偏陡	不允许	不允许	不允许

注：柱基、基坑、基槽、管沟和水下爆破应将炸松的石渣清除后检查。场地平整应在平整完毕后检查。

6　成品保护

6.0.1 对定位标准桩、轴线引桩、标准水准点等，爆破时应予加保护；定位标准桩和标准水准点应定期复测和检查是否正确。

6.0.2 爆破作业应防止邻近建构筑物、道路、管线等受伤或损坏，必要时应采取有效的保护措施。并在施工中定期观测和检查。

6.0.3 将打好的炮孔用稻草或塞子塞孔避免泥块等掺入。

6.0.4 爆破材料应储存在干燥、通风的库房内，以防受潮降低爆破威力或产生剧爆，运输、保管使用中要防潮和防撞击。

7　注意事项

7.1　应注意的质量问题

7.1.1 通过试爆优选爆破参数，根据每次爆破的特点不断优化，提高爆破效率。

7.1.2 准确布孔，所有孔位准确测定，保证岩石块度的均匀性，保证边坡位置准确。

7.1.3 浅孔爆破钻孔采用托架支撑风钻，并用测尺测定钻孔角度，保证钻孔定位和钻孔角度准确。

7.1.4 预裂孔和光爆孔均采用测尺控制钻孔角度，确保爆后坡面平顺。

7.1.5 炮孔钻好后用水泥纸堵住孔口，防止因机械和人员活动导致钻碴落入钻好的炮孔内。

7.1.6 起爆网络采用非电毫秒雷管起爆系统，合理确定微差间隔时间。

7.1.7 采用孔底起爆技术，即选择较长的雷管脚线将起爆雷管安放在距孔底较近的位置，减少爆破残药的可能性。

7.2 应注意的安全问题

7.2.1 各种爆破作业机械要有专人负责维修、保养，并经常对机械的关键部位进行检查，预防机械故障及机械伤害的发生。

7.2.2 石方爆破施工应指派专人负责，爆破作业人员必须由受过爆破技术培训、熟悉爆破器材性能和安全规则，必须取得爆破资格证的人员担任。

7.2.3 爆破施工过程中，必须严格遵守国家爆破安全规程的有关规定。发生盲炮必须立即处理，然后才能继续施工，严禁在盲炮留存或未处理就继续施工。

7.2.4 炸材存放必须将雷管和炸药分开存放，并设专人看守，当天当次未用完的炸材必须经爆破员、押运员、安全员以及机场相关部门和施工、监理单位等确认进行炸材退库。

7.2.5 禁止在雷雨天、大雾天、七级以上风天、黄昏、夜晚进行露天爆破作业。

7.2.6 施工爆破区域应有明显的警戒标志，起爆前必须撤离所有的人员和需保护的设备到警戒范围以外。

7.3 应注意的绿色施工问题

7.3.1 应按《爆破安全规程》GB 6722—2014 的相关规定，进行爆破震动、爆破噪声、飞散物、有害气体等的监测。

7.3.2 居民区尽量安排在白天施工，避免夜间施工噪声影响居民休息。

7.3.3 严格施工平面管理，实行封闭作业，防护设施标准化，施工设备、材料统一规划布置，并配足安全警示标志。

8 质量记录

8.0.1 炮眼定位测量放线记录。

8.0.2 石方竣工图。

8.0.3 质量检验和验收记录。

8.0.4 爆破安全监测报表。

8.0.5 施工记录。

第5章 土方开挖

本工艺标准适用于工业与民用建筑、市政基础设施工程深基坑（槽）、管沟、路堑以及大面积平整场地等机械挖土工程和浅基坑（槽）和管沟等人工挖土工程。

1 引用标准

《土方与爆破工程施工及验收规范》GB 50201—2012

《建筑基坑工程监测技术规范》GB 50497—2009

《建筑地基基础工程施工规范》GB 51004—2015

《建筑地基基础工程施工质量验收规范》GB 50202—2018

《建筑基坑支护技术规程》JGJ 120—2012

《建筑施工土石方工程安全技术规范》JGJ 180—2009

《建筑机械使用安全技术规程》JGJ 33—2012

2 术语

2.0.1 路堑：是指从原地面向下开挖而成的路基形式。

3 施工准备

3.1 作业条件

3.1.1 土方开挖前已编制详细的施工方案，超过一定规模的危大工程专项方案已经论证并经相关部门审核批准。

3.1.2 开挖前应清除开挖区域内地上和地下障碍物，对靠近基坑（槽）的原有建筑物及电杆、塔架等应采取防护或加固措施。

3.1.3 建筑物或构筑物的位置及场地的平面控制线（桩）和水准控制点，应经过复测和检查，并办完预检手续。对场地平整应进行方格网桩的布置和标高测设，计算挖、填方量，并完成土方调配计划。

3.1.4 场地平整已完成，并有一定的排水方向，同时挖好临时性的排水沟，以保证边坡不被雨水冲刷塌方，基土不被地面浸泡而遭到破坏。排水沟应做成不小于 0.2‰的坡度，使场地内不积水。在坡度较大地区进行挖土施工时，应在距上方开口线 5~6m 处设置截水沟或排洪沟，阻止山坡雨水流入开挖基坑区域内。

3.1.5 根据工程地质、水文资料应采取措施降低地下水位，且基坑支护结构和隔渗结构的强度必须达到设计要求。一般地下水应降至低于开挖面 0.5m，然后再开挖。

3.1.6 选择土方机械，应根据作业区域面积的大小、机械性能、作业条件、土的类别与厚度、总土方量以及工期等因素综合考虑，以能发挥机械设备的最大效率进行优化配置，并根据土方调配计划确定最优机械运行路线。

3.1.7 施工机械进入现场所经过的道路、桥梁和卸车设施等均应事先经过检查，必要时应进行加固或加宽等准备工作。有支护结构的深基坑开挖应按施工组织设计（方案）要求，设计好机械上下基坑的坡道，必要时应对坡道本身及挖土结束部位的支护结构适当加固。

3.1.8 熟悉图纸，做好安全技术交底工作。了解现场的水文地质情况，对于山区或坡度较大地区施工，应事先了解场地地层岩土性质、地质构造及水文、地形、地貌等。如因土石方施工可能产生滑坡时，应采取必要的措施。在山坡脚下施工，应事先检查山坡坡面情况，如有危岩、孤石、崩塌体、大滑坡体等不稳定迹象时，应做妥善处理。

3.1.9 完成必需的临时设施，包括生产设施、生活设施、临时供水、供电线路等。如夜间施工时，应有足够的照明设施；在危险地段应有明显标志，以保证安全施工。

3.2 材料及机具

3.2.1 挖土机械：反铲挖掘机、装载机、推土机、铲运机、平地机、自卸汽车、洒水车等。

3.2.2 一般机具：尖、平头铁锹、手锤、撬棍、手推车、梯子、铁镐、钢卷尺、坡度尺、小线或 20 号铅丝、钢卷尺、坡度尺等。

4 操作工艺

4.1 工艺流程

确定坡度 → 选择挖土方式 → 机械设备的配置 → 选择合理开挖顺序 →

分层分段依次开挖 → 修边与清底

4.2　确定坡度

4.2.1　土方开挖坡度应符合施工方案的要求。

4.2.2　挖土深度在 5m 以内时，边坡不加支护的基坑（槽）和管沟应根据土质和施工具体情况进行放坡，边坡值应按表 5-1 确定。

深度在 5m 以内边坡值

表 5-1

土的类别		边坡值（高：宽）
砂土（不包括细砂、粉砂）		1：1.25～1：1.50
一般性黏土	硬	1：0.75～1：1.00
	硬、塑	1：1.00～1：1.25
	软	1：1.50 或更缓
碎石类土	充填坚硬、硬塑黏性土	1：0.50～1：1.00
	充填砂土	1：1.00～1：1.50

4.3　选择挖土方式

当挖土深度小于 300mm、管沟宽度小于 400mm 时，可采用人工开挖。一般均采用机械开挖，以提高作业效率。

4.4　机械设备的配置

4.4.1　机械开挖土方，应根据工程规模、土质情况、地下水位、机械设备条件以及工期要求等合理配置挖土机械。

1　一般的基坑（槽）、路堑开挖，宜采用推土机推土、装载机装车、自卸汽车运土。

2　大面积场地平整和开挖，宜用铲运机铲土；土质较硬时，可配推土机助铲，平地机平整。

3　地下水位以下且无排水时，宜采用拉铲或抓铲挖掘，作业效率较高。

4　在设有多层内支撑的基坑或在挖土结束部位，可采用抓铲、长臂式反铲或小型反铲下坑作业，人工清边清底吊运出土。

4.4.2　自卸汽车数量应能保证挖掘或装载机连续作业，汽车载重量宜为挖掘机斗容量的 3～5 倍。作业效率较高。

4.5　选择合理开挖顺序

依据建筑及市政设施的总体施工顺序、场内及场外运输道路布置、出土方向等合理选择土方开挖顺序及流向，并符合施工方案的要求。

4.6 分段分层依次开挖

4.6.1 当大面积基坑底板标高不一时，机械开挖次序一般为先整片挖至最浅标高，然后再挖其他较深部位。在采用分层挖土法时，可在基坑一侧修不大于15％的坡道，作为挖土机械和运土汽车进出的通道。基坑开挖到最后再将坡道挖掉。

4.6.2 无支护基坑及道路应分区、分段、分层开挖，分区范围应符合总体施工计划规定。分层开挖深度按照挖土机械能力确定。

4.6.3 采用内支撑支护、锚杆支护或土钉支护的深基坑，应按支撑、锚杆和土钉的设计层次分层开挖。施工顺序应做到先安装支撑、锚杆或土钉，后开挖下部土方。应在内支撑、锚杆或土钉达到设计要求后再开挖。采用锚杆和土钉支护的基坑可采用盆式开挖或岛式开挖。基坑周边土方应分段开挖，分段长度不宜大于30m。

4.6.4 按施工方案留出出土坡道。出土坡道坡率宜为1∶7，坡道两侧坡率应符合施工方案要求。

4.6.5 各种机械应采用其生产效率较高的作业方法进行施工。

1 推土机作业多采用在基坑（槽）的一端或两端出土。特殊情况下也可多方向出土。出土马道坡度应不大于15％。推土机常采用槽形推土法，即重复连续多次在一条作业线上切土、推土，利用逐渐形成的浅槽，进行推土，减少土从铲刀两侧散漏。

2 铲运机应视挖填区的分布不同，合理安排铲土与卸土的相对位置，一般采取环形或8字形路线。作业时多采用下坡铲土、间隔铲土、预留土埂等方法。

3 正铲挖掘机作业多采用正向开挖和侧向开挖两种方法，运土汽车布置于挖掘机侧面或后面。当开挖宽度小于两倍的挖土机最大挖掘半径时，可采取正向全断面开挖，即正铲向前进方向挖土。当开挖宽度大于两倍的挖土机最大挖掘半径时，挖掘机可采取工作面侧向开挖。开挖工作面的台阶高度一般不宜超过4m，同时应注意边坡稳定。

4 反铲挖掘机作业常采用沟端开挖和侧向开挖两种方法。沟端开挖即挖掘机从基坑（槽）或管沟的端头以倒退行驶的方法进行开挖；侧向开挖即挖掘机沿着基坑（槽）或管沟的一侧移动，自卸汽车在另一侧装运土。当开挖深度超过最大挖掘深度时,可采用分层挖掘法。对于大型软土基坑,为减少分层挖运土方的复杂性,亦可利用多台挖掘机,避免载重汽车进基坑作业。

5 装载机作业与铲运机、推土机等基本相同,包括铲装、转运、卸料、返回等四道操作工序,多用于大面积且要求基底承载力较高的浅基坑(槽)。

4.6.6 开挖基坑(槽)和管沟,不得破坏基底土的结构,亦不得挖至设计标高以下。如不能准确地挖至设计标高时,可在设计标高以上暂留一层土不挖,以便抄平后由人工挖出。设计无规定时,一般暂留土层厚度:铲运机、推土机不小于 200mm,挖掘机不小于 300mm。

4.6.7 在开挖过程中,应随时检查边坡或槽壁的状态。深度大于 1.5m 时,应根据土质变化情况做好支撑准备,以防塌陷。深基坑土方开挖时,如土质为淤泥或淤泥质土,分层开挖厚度宜为 800～1000mm。

4.6.8 在开挖过程中,应检查基坑(槽)的中心线和几何尺寸,发现问题及时纠正。开挖距基底设计标高约 1m 时应进行抄平,并在两侧边坡上每隔 15m测设一水平桩控制标高,以防超挖。

4.6.9 机械施工挖不到的土方,应随时配合人工进行挖掘,并用手推车将土运到机械能挖到的地方,以便能及时运走。面积较大的基坑可配以推土机进行清边平底、送土,以提高工效。人工挖土时,对于一般黏性土可从上向下分层开挖,每层深度以 300～600mm 为宜,从开挖端向后倒退按踏步型挖掘;开挖碎石类土时,坚硬土先用镐刨松,再向前挖掘,每层深度视翻土厚度而定,每层应清底和出土,然后逐步挖掘。

4.7 修边和清底

4.7.1 由两端轴线(中心线)桩位拉通线,用尼龙丝或细铁丝检查距基坑(槽)边的尺寸,对其边壁进行修整。在距坑(槽)底设计标高 500mm 处,抄出水平线,并钉上小木橛,然后用人工将暂留土层挖走,最后清除基坑(槽)底浮土。

4.7.2 基坑(槽)底经人工清理铲平后,应进行质量检查验收。发现问题及时处理。

4.7.3 开挖的基坑一旦边坡土体出现裂缝,应立即修整边坡坡度、卸载或叠置土包护坡,并加强基坑排水。地下水较高、有流沙土层或软弱下卧层的基坑,如出现流沙或基坑隆起,应立即停止明沟排水,抛投土包反压坡脚叠置护坡，并宜采取降水或有效的边坡加固措施。

5 质量标准

5.0.1 主控项目

1 原状地基土不得扰动、受水浸泡及受冻。

2 开挖形成的边坡坡度及坡脚位置应符合设计要求。

3 开挖区的标高允许偏差值（mm）：0～－50。

4 开挖区的平面尺寸应符合设计要求，允许偏差值（mm）：－50～＋200。

5.0.2 一般项目

1 一般项目的质量检验标准见表 5-2。

土方开挖一般项目的质量检验标准　　　　　　　　表 5-2

序号	项目	允许偏差
1	表面平整度（mm）	±20
2	分级放坡边坡平台宽度（mm）	－50～＋100
3	分层开挖的土方工程，除最下面一层土方外的其他各层土方开挖区表面标高（mm）	±50

2 湿陷性黄土场地施工时，在满堂开挖的基坑内，宜设排水沟和集水井。

3 雨期开挖基坑（槽）或管沟时，应在坑（槽）外侧围筑或开挖排水沟，防止地面水冲塌边坡，流入坑（槽）引起湿陷。

6 成品保护

6.0.1 对测量用控制桩、龙门板和基坑监测用监测点应注意保护，挖土、运土机械行驶时不得碰撞，并应定期复测检查是否移位。

6.0.2 基坑（槽）开挖设置的降水系统、支护结构或放坡，在施工的全过程中应做好保护，不得随意拆除或损坏。有立柱的内支撑体系，在开挖至立柱附近时，应用人工清除立柱周围的土体，避免立柱受到附加的侧向压力。

6.0.3 在挖土过程中应核实工程桩、复合地基刚性桩的桩位。采用小型挖掘机或人工开挖桩间土时防止损伤、碰断桩身。

6.0.4 施工中如发现有文物或古墓等应妥善保护，并及时报请当地有关部门处理。

6.0.5 在敷设地下管线、电缆、通信光缆的地段进行土方施工时，应事先取得有关管理部门的书面同意，施工中应采取有效措施严加保护，以防损坏。

6.0.6 基坑（槽）开挖后，若不能及时浇筑垫层时，应预留 200～300mm 厚土层，在施工下一道工序前再挖至设计标高。

6.0.7 排水沟应畅通，防止淤积堵塞。

7 注意事项

7.1 应注意的质量问题

7.1.1 开挖基坑（槽）、管沟时，应控制好坑底标高，并在坑底预留 200～300mm 厚的余土，最好用人工清理。基底超挖时，应取得设计单位同意后再行处理。已挖好的基坑应及时清边平底，施工垫层以保护基底。

7.1.2 基坑（槽）开挖后，应尽量减少对基土的扰动。如遇基础不能及时施工，可在基底标高以上预留 200～300mm 土层不挖，待做基础前再挖。

7.1.3 挖土时应分层进行。内支撑、锚杆和土钉支护必须按支护设计工况要求分层开挖，不得超挖。

7.1.4 挖土完成后，应对地基进行详细检查，应将暗浜、坑穴及地下埋物应清除干净。

7.2 应注意的安全问题

7.2.1 基坑开挖应按先支撑后开挖、限时、对称、分层、分区等的开挖方法确定开挖顺序、严禁超挖，减少基坑无支撑暴露时间。下一层土方开挖时，混凝土支撑、锚杆、土钉注浆强度，锚杆预应力张拉，钢支撑预加力及质量验收等应满足要求。内支撑结构上除设计允许外，不得增加任何荷载。

7.2.2 中部留置岛状土体、盆边开挖形成的临时边坡稳定性应经验算确定。

7.2.3 基坑边堆载不得超过支护设计规定的堆载值和范围。

7.2.4 基坑（槽）应架设上下人通道，深度超过 2m 基坑（槽）边应设防护栏杆。

7.2.5 开挖施工不得采取掏挖方式。

7.2.6 夜间施工时，现场应有充足的施工照明。

7.2.7 挖掘机装车时，汽车驾驶室内不得坐人，挖掘机作业时，机下施工人员禁止在挖掘机作业回转半径内停站。

7.2.8 当基坑监测和巡视检查达到报警情况时，应立即停止挖土作业，启动应急预案。

7.3 应注意的绿色施工问题

7.3.1 土方开挖时，应避免大风天气作业，防止扬尘。裸露土体应采用密目防尘网覆盖。

7.3.2 土方作业区距离住宅小区较近时，应设置隔离护栏，防止施工噪声扰民。

8 质量记录

8.0.1 工程定位测量记录。

8.0.2 基坑工程结构监测记录。

8.0.3 土方开挖工程检验批质量验收记录。

8.0.4 土方开挖分项工程质量验收记录。

8.0.5 其他技术文件。

第6章 基土钎探

本工艺标准适用于工业与民用建筑、市政基础设施工程基础、坑（槽）底以下土层的钎探检查。当基坑不深处有承压水层、触探可造成冒水涌砂时，或持力层为砾石层或卵石层且其厚度符合设计要求时，可不进行钎探。

1 引用标准

《建筑地基基础工程施工质量验收规范》GB 50202—2018

2 术语（略）

3 施工准备

3.1 作业条件

3.1.1 施工方案要求

基土钎探施工前已依据岩土工程勘察报告编制详细的施工方案，进行现场试验，取得各项施工参数，以便验证是否满足要求。

3.1.2 基坑（槽）已开挖至规定标高，位置和平面尺寸符合要求。

3.1.3 绘制钎探孔平面布置图，并逐点按钎钉操作顺序编号。

3.1.4 钎杆上预先刻痕，即从下留出钎尖长度后，往上每 300mm 刻痕一道，并描红色与白色相间的油漆，以便观测。

3.2 材料及机具

3.2.1 材料

1 砂：一般中砂，过孔径为 5mm 的筛之后使用。

2 素土：黏土，含水率宜在 19%～23%，过孔径 5mm 的筛之后使用，用于湿陷性黄土地区。

3 灰土：按石灰∶土＝3∶7 或 2∶8（体积比），过孔径 5mm 的筛，拌和后手握成团，落地开花即可，用于湿陷性黄土地区。

41

3.2.2 主要施工机具

1 电动钎探机：电源 380V，击锤重 10kg，击锤落高 500mm。探杆直径 25mm，杆长度 2.5m/3.0m。

2 人工钎探：直径为 φ22～φ25mm 的光圆钢筋或钢钎，钎长 1.8～2.5m，穿心锤 10kg。

3 其他：麻绳或铅丝，梯子（凳子），手推车，撬棍（拔钢钎用）和钢卷尺等。

4 操作工艺

4.1 工艺流程

$$\boxed{测出钎探点位} \rightarrow \boxed{打钎} \rightarrow \boxed{灌砂} \rightarrow \boxed{整理资料}$$

4.2 测出钎探点位

按钎探孔平面布置图放线，逐个测出钎探点位置，并平放砖块，写上编号。

4.3 打钎

4.3.1 在需要钎探的地方将机器放平。接通电源，确定链条的运动方向与控制按钮的关系。

4.3.2 用脚踏下撬杆，提起升降系统，装入探杆锁牢。对准钎探点将钎探机垫平。打开开关，钎探机开始工作，同时专人记录每 300mm 的锤击数据。

4.3.3 锤击到设计钎探深度后，关闭锤击开关，打开拔探杆开关，拔出探杆。

4.3.4 将钎探机移至下一个钎探点。重复以上工作。

4.3.5 如设计无规定时，钎探深度宜按表 6-1 控制。

钎探孔布置方式及深度   表 6-1

槽宽（m）	排列方式及图形		间距（m）	钎探深度（m）
<0.8	中心一排		1.5	1.5
0.8～2.0	两排错开 1/2 钎孔间距，每排距槽边 0.2m		1.5	1.5
>2.0	梅花形		1.5	2.0
柱基	梅花形		1.5～2.0	≥1.5m，并不浅于短边

4.4 灌砂

4.4.1 打完的钎孔经对孔深与记录检查无误后，即可进行填孔。填孔一般用中砂，每填入 300mm 左右可用木棍或钢筋棒捣实一次。

4.4.2 每孔打完或几孔打完后应及时填孔，或在每天打完后统一填孔一次。当基土具有湿陷性时，应用素土或灰土回填，方法同填砂。

4.5 整理资料

及时收集、保存原始钎探记录，按钎孔顺序编号，将锤击数填入统一表格内。字迹要清楚，再经过打钎人员和技术人员签字后归档。

5 质量标准

5.0.1 主控项目

钎探深度必须符合设计要求和施工规范规定，锤击数记录准确无误。

5.0.2 一般项目

1 钎位应符合钎探平面布置图，钎孔不得遗漏。

2 钎孔灌砂填孔应捣实。

6 成品保护

6.0.1 钎探完成后，应做好标记，未经检查验收的探孔不得堵塞或填孔，应将其做好标记并保护好。

6.0.2 打钎时，注意保护已经挖好的基槽，不得破坏已经成型的基槽边坡。

7 注意事项

7.1 应注意的质量问题

7.1.1 当钢钎打不下去时，应请示有关技术人员确定是否取消该点或是移位打钎，不得随意填写锤击数。

7.1.2 钎探记录和探孔平面布置图应一致。检查无误后方可开始打钎，如发现错误应及时修改或补打。

7.1.3 在钎探记录表上应用有色铅笔或符号将不同锤击数的钎孔分开。

7.1.4 在钎探孔平面布置图上应注明过硬或过软的孔号位置，把坑穴等尺寸画上，以便勘察、设计人员或有关部门验槽时分析处理。

7.1.5 同一工程中，钎探时应严格控制穿心锤的落距，不得忽高忽低，以免造成钎探不准，使用钎杆的直径必须统一。

7.1.6 钎探孔平面布置图绘制要有建筑物外边线、主要轴线及各线尺寸关系，外圈钎点要超出垫层边线 200～500mm。

7.1.7 基土受雨后，不得进行钎探。

7.1.8 基土在冬季钎探时，每打几孔后及时掀盖保温材料一次，不得大面积掀盖，以免基土受冻。

7.2 应注意的安全问题

7.2.1 在钎探机工作时，不得将手伸至锤下，不得用手去触摸链条。

7.2.2 操作人员专心施工，扶锤人员和扶钎杆人员要密切配合，以防发生意外事故。

7.3 应注意的绿色施工问题

7.3.1 当钎探的基坑周边有居民小区时，应避免夜间作业噪声扰民。

7.3.2 钎探过程中，应采取有效的扬尘措施。

8 质量记录

8.0.1 钎探孔位平面布置图。

8.0.2 钎探记录表。

8.0.3 钎孔灌砂记录。

8.0.4 其他技术文件。

第7章 土方回填

本工艺标准适用于工业与民用建筑、市政基础设施工程大面积平整场地、大型基坑、管沟等的机械回填土工程和基坑（槽）、室内地坪及室外散水等人工回填土工程。

1 引用标准

《建筑地基基础工程施工规范》GB 51004—2015

《建筑地基基础工程施工质量验收规范》GB 50202—2018

《建筑机械使用安全技术规程》JGJ 33—2012

2 术语（略）

3 施工准备

3.1 作业条件

3.1.1 回填土前，应对基础、防水层、保护层、管道进行检查，并办理隐蔽工程验收手续。

3.1.2 应根据工程特点、填料种类、压实系数、施工条件等，通过击实试验确定填料最佳含水率、每层铺土厚度及压实遍数等参数。设计无要求时，土的最佳含水量和最大干密度可按表 7-1 选用。

土的最佳含水率和最大干密度   表 7-1

土的种类	最佳含水率（%）	最大干密度（kg/m³）	土的种类	最佳含水率（%）	最大干密度（kg/m³）
砂土	8～12	1.80～1.88	粉质黏土	12～15	1.85～1.95
黏土	19～23	1.58～1.70	粉土	16～22	1.61～1.80

3.1.3 回填土前，应将基底上的杂物及淤泥清除干净，并在四周设排水沟或截洪沟，防止地面水流入填方区。在耕植土或松土上回填时，应对基底土压

（夯）实后方可铺土。

3.1.4 做好水平及高程标志，控制回填土的平整度和标高。在基坑（槽）边坡上，宜每隔 3m 钉上水平木桩；在室内和散水的边墙上，宜弹出 0.5m 标高线。

3.1.5 应在混凝土或砖石基础具有一定的强度后，方可进行回填土。

3.1.6 土方挖运设备进场前，土方机械及运土车辆行走的路线，应进行必要的加固及加宽处理。

3.2 材料及机具

3.2.1 土料：宜采用基坑（槽）中挖出的原土。回填土料应符合设计要求。土料不得采用淤泥和淤泥质土，有机物质含量不大于 5%。使用前应过筛，其粒径不大于 50mm。Ⅰ类民用建筑采用异地土时，土壤中氡浓度应符合《民用建筑工程室内环境污染控制规范》GB 50325—2010 的规定。

3.2.2 碎石类土、砂土和爆破石渣可用于表层以下的填料，其最大粒径不应超过每层铺土厚度的 2/3（当使用振动碾时，不得超过每层铺填厚度的 3/4）。使用细、粉砂时，应取得设计单位的同意，并应掺入一定数量的碎石或卵石。

3.2.3 运土机械：铲运机、推土机、装载机、自卸汽车。

3.2.4 压实机械、机具：光轮压路机、羊足碾、振动压路机、冲击压路机及振动冲击夯、木夯、蛙式打夯机等。

3.2.5 辅助机具：洒水车、手推车、铁锹、胶皮管、钢尺、尼龙绳、20 号镀锌铁丝筛子（孔径 40～60mm）、耙子、2m 靠尺、胶皮管、小线、木折尺、测杆等。

4 操作工艺

4.1 工艺流程

基底清理 → 检验土质 → 分层摊铺 → 分层夯压密实 → 分层检测 →

修整找平

4.2 基底清理

4.2.1 清理回填基底上的洞穴、树根、草皮、垃圾等，当填方基底为松土或耕植土时，应先清理有机物质含量超标的表层土，然后将基底充分夯实或碾压密实。

4.2.2 在池塘、沟渠上回填土时，应采用围堰排水疏干、挖除淤泥或抛填块石、砾石、矿渣等方法进行处理，然后填土。

4.2.3 回填管沟时，应人工先将管道周围填土夯实，并从管道两边同时进行，直至管顶 0.5m 以上。在不损坏管道的情况下，可采用机械回填及压实。在管道接口处、防腐绝缘层或电缆周围，应使用细粒土料回填。

4.3 检验土质

4.3.1 检验回填土有无杂物，粒径是否符合要求，含水率是否适合夯填要求。土料含水率一般以手握成团、落地开花为宜。

4.3.2 当土料的含水率偏高时，可采取翻松、晾晒或均匀掺入干土等措施；当土料的含水率偏低时，可采取预先洒水湿润、增加压实遍数或使用较大功率的压实机械等措施。

4.4 分层摊铺

4.4.1 回填土应分层摊铺，每次铺土厚度和压实遍数应根据土质、压实系数和机械性能而定。一般铺土厚度应由现场压（夯）实试验确定。当无设计要求时可按表 7-2 选用。

铺土厚度和压实遍数　　　　　　　　　　　　　　　　表 7-2

压实机具	每层厚度（mm）	每层压实遍数
光轮压路机	250～300	6～8
振动压路机	250～350	3～4
蛙式打夯机	200～250	3～4
羊足碾	200～350	8～16
冲击压路机	800～1200	20～40
振动冲击夯、人工打夯	<200	3～4

4.4.2 填方应从最低处开始，从下向上整个宽度水平分层均匀铺填土料并压（夯）实。

4.4.3 采用铲运机大面积铺填土时，铺填土区段长度宜大于 20m，宽度宜大于 8m。铺土应分层进行，每次铺土厚度为 300～500mm；每次铺土后，利用空车返回将地表面刮平。填土程序应尽量采用纵向或一次横向分层卸土，以利行驶时初步压实。

4.4.4 路堤填筑时，应严格按设计要求的铺土厚度回填并压实，保证其足够的强度和稳定性。如采用两种透水性不同的土类填筑，应将透水性较大的土层置于透水性较小的土层之下，不得混杂使用，边坡应用透水性较大的土封闭，避免在填方内形成水囊和产生滑动现象。

4.5 分层夯压密实

4.5.1 压实机械碾压土方时，一般应控制行驶速度：光轮压路机 2km/h，羊足碾 3km/h，振动压路机 2km/h，冲击压路机 10km/h。

4.5.2 基坑（槽）面积较大时，填土宜分段进行。在碾压前，先用轻型推土机推平，低速预压 4～5 遍使表面平实，避免压路机碾轮下陷。采用振动压路机压实爆破石渣或碎石类土时，应先静压、后振压。

4.5.3 用压路机碾压时，应采用"薄填、慢驶、多次"的方法。碾压应从两边逐渐压向中心，每次碾压应有 150～250mm 重叠。边坡、边角边缘碾压不到之处，应辅以小型夯实机械夯实。用光轮压路机碾压时，每碾压完一层后，应用人工或机械（推土机）将表面拉毛，以利于两层土之间的结合。

4.5.4 用羊足碾碾压时，碾压应从填土区的两侧逐渐压向中心，每次碾压应有 150～200mm 的重叠，同时应随时清除粘在羊足之间的土料。羊足碾碾压后，宜再辅以光轮压路机压平。

4.5.5 冲击压路机碾压时，碾压宽度不宜小于 6m，工作面较窄时需设置转弯车道。冲击最短直线距离不宜小于 100m，冲压边角及转弯区域应用其他措施压实。施工时，地下水位应降低到碾压面以下 1.5m。

4.5.6 填方超出基底表层时，应保证边缘部位的压实重量。如设计不要求边坡修整，宜将填方边缘加宽 0.5m。如设计要求边坡修平拍实时，可加宽填 0.2m。

4.5.7 用蛙式打夯机夯打最少三遍；人工用木夯打夯时，一夯压半夯，压实遍数为 3～4 遍。无论用机夯还是人工用木夯，夯打的遍数最终应由现场检测控制干密度确定。

4.5.8 回填深浅两基坑（槽）相连处时，应先填夯深基坑，填至浅基坑标高处，再全面分层夯实。如必须分段填夯，交接处应填成阶梯形，其高宽比一般为 1：1，且上下层错缝距离不小于 1000mm。

4.5.9 基础及管沟回填时，两侧应对称同时回填，两侧高差不超过 300mm。管道两侧及管顶 500mm 以内用木夯夯实，超过管顶 500mm 以上时，方可用机械打夯。

4.6 分层检测

4.6.1 素土、灰土回填取样采用环刀法。一般基槽或管沟回填土，每层按长度每 20～50m 取一组样，基坑和室内填土按每层 100～500m² 取一组样，室外回填每层场地平整填土按 400～900m² 取一组样，柱基回填，每层抽样柱基总数的 10%，且不少于 5 组。取样部位应在每层压实土表面下的 2/3 深度处，回填土干密度达到设计要求后，方能进行上一层的铺土。

4.6.2 级配碎石回填取样采用灌砂法，即在已压（夯）实的级配砂石中，挖 0.3m×0.3m×0.2m（长×宽×高）的小坑，取尽坑内砂石，不得撒漏。然后用量器徐徐灌入干砂，灌至小坑满平。累计灌砂数量，可得出实挖小坑之体积。烘干坑内所取出的砂石，并称得质量，即可计算出砂石干密度，计算公式如下：

$$干密度 = \frac{小坑内取出的烘干砂石质量（kg）}{灌入取样坑内干砂的体积（m^3）}$$

采用灌砂法，其取样数量可较环刀法适当减少，取样部位应为每层压实后的全部深度。

4.6.3 级配砂、石的干密度测定也可采用钢筋贯入法，其贯入度值应通过现场试验确定。

4.7 修整找平

土方回填全部完成后，应对其表面进行拉线找平。凡超过或低于基础垫层底设计标高处，均应及时依线铲平或用土补平夯实。

5 质量标准

5.0.1 主控项目

1 填料应符合设计要求，不同填料不应混填。

2 土方回填应填筑压实，且压实系数应满足设计要求。当采用分层回填时，应在下层的压实系数经试验合格后，才能进行上层施工。

3 土方回填形成的边坡坡度及坡脚位置应符合设计要求。

4 标高允许偏差值（mm）：0～−50。

5.0.2 一般项目

1 表面平整度允许偏差值（mm）：±20。

2 分层回填厚度符合设计要求。冬期回填每层铺料压实厚度应比常温施工时减少 20％～25％，预留沉陷量应由设计单位确定。

3 基础施工完毕应及时用素土分层回填，夯实至散水垫层底，如设计无要求时，压实系数不宜小于 0.93，并形成排水坡度。

4 雨期回填施工取料、运料、铺填、压实等各道工序应连续进行，雨前应及时压完已填土层或将表面压光，并做成一定坡度。雨后应排除回填表层积水，进行晾晒，或除去表面受浸泡部分。

6 成品保护

6.0.1 土方回填工程中，定位桩、水准点、龙门板等应设有明显标志牌。填运土时不得碰撞，并定期检查这些桩点是否移动和下沉，发现问题及时处理。

6.0.2 在回填土前，管沟中的管道以及各种管线均应妥善保护，不得损坏。

6.0.3 严禁运土机械直接进入基槽内倒土，以免挤坏基础。

6.0.4 在基坑（槽）或管沟中，现浇混凝土及砌体应达到一定强度，防止因回填土侧压力造成挤动或损伤。

7 注意事项

7.1 应注意的质量问题

7.1.1 按规定对每层土夯实后的干密度进行检测，符合要求后方可铺摊上层土。回填土全部施工完后，应按每层（步）土的检测记录填写回填土干密度试验报告。

7.1.2 管道下部应按规定分层夯填密实，防止造成管道折断而渗漏。

7.1.3 回填土料过干时，应洒水湿润后再夯打，防止夯打不实，越打越松散。

7.1.4 回填土料过湿时，应晾晒或采取其他措施后再夯打，防止越打越软、呈"橡皮土"状态。

7.1.5 地形、工程地质复杂地区，且对填方密实度要求较高时，应采取排水暗沟、护坡桩等措施，以防填方土粒流失，造成不均匀下沉和坍塌等事故。当填方基土为杂填土时，应按设计要求加固地基，并对基底下的软（硬）点、空洞、旧基础以及暗塘等妥善处理。

7.1.6 填方应按设计要求预留沉降量。如设计无要求，可根据工程性质、填方深度、填料种类、密实度要求等情况，沉降量一般不超过填方深度的3%。

7.1.7 回填土施工中，出现以下问题应及时纠正：

1 虚铺土超过规定厚度，导致虚铺土层下部难以压（夯）实。

2 冬季施工时有较大的冻土块且比较集中，消解后导致回填土下沉。应注意冬期施工措施的采取。

3 压（夯）实时未按设计规定施工，压（夯）实遍数不够甚至出现漏压（夯）现象。

4 填土中有机物质过多，或垫层中渗入施工用水等。

7.2 应注意的安全问题

7.2.1 回填土前，应检查坑（槽）、沟壁有无塌方迹象，操作人员应戴安全帽。在填土压（夯）实的过程中，应随时注意边坡土的变化，对坑（槽）、沟壁有松土掉落或塌方的危险时，应采取适当的支护措施。基坑（槽）边上不得堆放重物。

7.2.2 回填土的过程中，应随时观察基坑（槽）土壁的上口是否有塌方迹象，严禁盲目操作。一旦发生塌方，应采取必要措施果断处理。

7.2.3 使用蛙式打夯机时，操作者必须戴绝缘手套，且有专人跟机移动胶皮电源线。下班后，打夯机应用防水材料覆盖并垫高，防止电动机内进水而发生触电事故。

7.2.4 用小车向坑（槽）内倒土时，上口应设车挡，且操作者应招呼下方施工人员躲开，防止发生翻车伤人事故。

7.2.5 内支撑支护基坑（槽）回填土时，应按照支护设计规定的换撑条件进行回填，从下向上逐层拆除。更换支撑时，必须先装新支撑、再拆旧支撑，避免在更换的过程中发生边坡失稳。

7.2.6 认真执行《建筑机械使用安全技术规程》JGJ 33—2012 的规定，进行回填机械的使用、维护和保养。

7.3 应注意的绿色施工问题

7.3.1 土方回填时，应避免大风天气作业，防止扬尘。裸露土体应采用密目防尘网覆盖。

7.3.2 使用挖土机械和压实机械时，防止机械的噪声和振动对附近住宅小区的干扰。

8 质量记录

8.0.1 土壤击实试验报告。

8.0.2 土壤干密度试验报告。

8.0.3 隐蔽工程检查验收记录。

8.0.4 土方回填工程检验批质量验收记录。

8.0.5 土方回填分项工程质量验收记录。

8.0.6 其他技术文件。

第8章 钢筋混凝土灌注桩排桩支护

本工艺标准适用于工业与民用建（构）筑物、市政基础设施基坑采用混凝土灌注桩排桩支护的施工；其中泥浆护壁的内容仅适用于湿法作业的混凝土灌注桩施工。

1 引用标准

《建筑基坑工程监测技术规范》GB 50497—2009

《建筑地基基础工程施工规范》GB 51004—2015

《混凝土结构工程施工质量验收规范》GB 50204—2015

《建筑地基基础工程施工质量验收规范》GB 50202—2018

《钢筋焊接及验收规程》JGJ 18—2012

《建筑基坑支护技术规程》JGJ 120—2012

《山西省建筑基坑工程技术规范》DBJ04/T 306—2014

2 术语（略）

3 施工准备

3.1 作业条件

3.1.1 已编制施工组织设计或专项施工方案，确定各项技术质量安全措施。开挖深度超过 5m（含 5m）的基坑（槽）的排桩支护工程专项施工方案经专家论证通过。

3.1.2 平整施工场地，修筑临时施工道路，接通水源、接通电源。

3.1.3 修筑泥浆池、循环槽、钢筋加工场等，合理进行施工平面布置。

3.1.4 开钻前选定施工测量定位点，对地质情况进行详细分析，并按设计要求制作钢护筒。

3.2 材料及机具

3.2.1 做好钢筋计划，并按计划进场，原材料应送检，并经检验合格后使用。

3.2.2 商品混凝土，根据设计要求，向供应商提出所需混凝土的强度、坍落度、供货到现场的时间和数量等要求，使其满足缓凝、抗渗的要求。

3.2.3 在有较厚的砂、碎石土等原土不能造浆的场地施工时，应备足黏土或膨润土。

3.2.4 主要机具

使用机械：旋挖机、回转钻机、冲击钻机、砂石泵、泥浆泵、双腰合金钻头、扩底钻头、冲击钻头、电焊机、气焊机、钢筋切割机、护筒、导管、储料斗、灌注斗、泥浆比重计、试块模、泥浆、废渣运输车。

检测设备：全站仪、水准仪、经纬仪，坍落度计、孔径检测仪、孔深检测器具。

4 操作工艺

4.1 工艺流程

测设桩位 → 埋设护筒 → 钻机就位 → 成孔 → 清孔及排渣 → 制作、吊放钢筋笼 → 安混凝土导管 → 浇筑混凝土 → 灌注桩检测 → 冠梁施工

4.2 测设桩位

根据基坑设计平面图放出桩位点，采取灌白灰或打入钢筋等定位措施，保证桩位标记明显准确。

4.3 埋设护筒

4.3.1 护筒一般用 4～8mm 厚钢板制成，高度为 1.5～3m，钻孔桩护筒内径应比钻头直径大 100mm，冲孔桩护筒应比钻头直径大 200mm，护筒顶部应开设溢浆口。

4.3.2 护筒埋设时，根据地下水位选用挖埋式或填筑式。

1 根据已确定桩位，按轴线方向设置控制桩并找出护筒中心，保证其中心与桩中心对正，并保持垂直。

2 护筒顶端宜高出地面 200～300mm，护筒周围应回填黏土并夯实。

4.4 钻机就位

钻机就位时，必须保持平稳，不得发生倾斜。回旋钻、旋挖钻等钻机的钻架应垂直。转盘孔中心、钻具中心、钻架上吊滑轮和护筒中心应在同一铅锤线上。冲击钻的起重钢丝绳及吊起的冲抓锥及钻头应在护筒中心位置。机架机管或钢丝

绳上应作出控制标尺，以便施工中进行观测、记录以及控制钻孔深度等。

4.5 成孔

正循环回转钻适用于黏性土、粉土、砂类土及岩层中成孔，碎石、卵石含量小于20%；反循环回转钻在卵石土层中钻进时，卵石粒径不应超过钻杆内径的2/3；冲击钻适用于各类土层及风化岩层。潜水钻适用于淤泥、淤泥质土、黏性土、砂类土、强风化岩层中成孔，但不适用于碎石土。旋挖式钻机，适用用于填土、黏性土、粉土、砂土、碎石土、软岩及风化岩等各类土层。钻进过程中必须保证泥浆的供给，使孔内浆液面稳定。

4.5.1 钻机钻进时，应根据土层类别、孔径大小及供浆量确定相应的钻进速度。初钻时，应低档慢速钻进，钻至护筒刃脚下1m并形成坚固的泥皮护壁后，根据土质情况可按正常速度钻进。回转钻及潜水钻开始钻孔时，宜先在护筒内放入一定数量的泥浆或黏土块，空钻不进尺，并从钻杆中压入清水搅拌成浆，开动泥浆泵循环，待泥浆拌匀后开始钻进。旋挖式钻机，应提前制备泥浆。

1 在淤泥、淤泥质土中，应根据泥浆的补给情况，严格控制进尺，一般不宜大于1m/min，松散砂层中进尺不宜超过3m/h。

2 在硬土层或岩层中的钻进速度，以钻机不发生跳动为准。

4.5.2 冲击成孔应符合以下规定：

1 开孔时应低锤密击。如表土为淤泥、松散细沙等软弱土层，可加黏土块、小石片，反复冲击造孔壁，保护护筒稳定。

2 在各种不同土层和岩层中钻进时，可按表8-1施工要点进行。

不同土层冲击钻进施工要点 表8-1

试用土层	施工要点	效果
在护筒刃脚下2m以内	泥浆比重1.2～1.5，软弱层投入黏土块、小片石，小冲程1m左右	造成坚实孔壁
黏土或粉质黏土层	清水或稀泥浆，经常清除钻头上的泥块，中小冲程1～2m	提高钻进效率
粉砂或中粗砂层	泥浆比重1.2～1.5，投入黏土块，勤冲勤掏渣，中冲程2～3m	防止塌孔
砂、卵石层	泥浆比重1.3，投入黏土块，中高冲程2～4m，勤掏渣	提高效率
基岩	泥浆比重1.3，高冲程3～4m，勤掏渣	提高效率
软弱土层或塌孔回填重钻	泥浆比重1.3～1.5，小冲程反复冲击，加黏土块夹小片石	造成坚实孔壁

3 开始钻基岩时，应低锤密击或间断冲击。如发现钻孔偏斜，应立即回填片石至偏孔处上部 0.3～0.5m，重新钻进。

4 遇孤石时可适当抛填硬度相似的片石，高锤钻进。

5 准确控制松绳长度避免打空锤，一般不宜用高冲程，以免扰动孔壁，引起塌孔、扩孔或卡钻等。

6 经常检查冲击钻头的磨损情况、卡扣松紧程度、转向装置的灵活性。

4.5.3 正循环回转钻应符合以下规定：

1 在黏性土层中钻进时，宜选用尖底钻头，中等转速，大泵量，稀泥浆。

2 在砂土或软土等易塌土层中，钻进时宜采用平底钻头，控制进尺，轻压、低档慢速，大泵量稠泥浆。

3 在坚硬土层中钻进时，宜采用优质泥浆，低档慢速，大泵量，两级钻进。

4.5.4 反循环回转钻应符合以下规定：

1 硬性土层中，宜用一档转速，自由进尺。

2 一般黏性土中，宜用二、三档转速，自由进尺。

3 在地下水丰富、孔壁易塌的粉、细砂或粉土层中，宜用低档慢速钻进，并应加大泥浆比重和提高水头。

4.5.5 当护筒底土质松软而出现漏浆时，应提起钻头，并向孔内投入黏土块，再放下钻头倒钻，直至胶泥挤入孔壁堵住漏浆后方可继续钻进。

4.5.6 正常钻进时应根据不同地质条件，随时检查泥浆浓度。钻孔直径应每钻进 5～8m 检查一次。

4.5.7 成孔过程中，若发现斜孔、弯孔、缩颈、塌孔或沿护筒周围冒浆时，应采取表 8-2 所列措施后方可继续施工。

成孔中对异常情况的措施   表 8-2

异常情况	回旋、旋挖	冲击钻
斜孔 缩孔 弯孔	往复修正，如纠正无效，应回填黏土或风化岩块至偏孔上部 0.5m，再重新钻进	停钻，抛填黏土块夹片石，至偏孔开始处以上 0.5～1m 重新钻进
塌孔	停钻，回填黏土，待孔壁稳定后再轻提慢钻	停钻，回填夹片石的黏土块，加大泥浆比重，反复冲击
护筒周围冒浆	护筒周围回填黏土并夯实，稻草拌黄泥堵塞漏洞，必要时叠压砂包	护筒周围回填黏土并夯实；稻草拌黄泥堵塞漏洞，必要时叠压砂包

4.5.8 钻孔至设计深度后，应会同有关部门对孔深、孔径、垂直度、桩位以及其他情况进行验收，符合设计要求后，方可移走钻机。

4.5.9 相邻桩应间隔施工，当已施工桩混凝土终凝后，方可进行相邻桩的成孔施工。

4.6　清孔及排渣

4.6.1 回转钻成孔后，可使钻头空转不进尺，循环泥浆。

4.6.2 旋挖钻机成孔后，应安放导管并连接泥浆泵，循环泥浆清孔或清孔钻头清孔。

4.6.3 孔壁土质较好、不易塌孔者，可用空气吸泥机清孔；孔壁土质较差者，可用泥浆循环或抽渣筒抽渣清孔。

4.6.4 清孔后泥浆比重对于黏性土，应控制在 1.1 左右；对于土质较差的砂、土层和夹砂卵石层宜控制在 1.15～1.25。孔内排出或抽出的泥浆，用手触摸应无颗粒感，含砂量不大于 4％。

4.6.5 清孔后的沉渣厚度，端承桩不大于 50mm，摩擦端承桩不大于 100mm，单排桩应不大于 150mm，双排桩应不大于 50mm。

4.7　制作及吊放钢筋笼

4.7.1 灌注桩钢筋笼制作时应符合以下规定：

1 钢筋笼分段制作时，接头位置不宜设在内力较大处，且按规定错开设置，入孔时应进行焊接，焊接方法和接头长度应符合设计要求或有关规范的规定。

2 为防止钢筋笼吊放时扭曲变形，一般在主筋外侧每 2m 加设一道加强箍。

3 混凝土灌注桩钢筋笼质量检验标准应符合表 8-3 的规定。

混凝土灌注桩钢筋笼质量检验标准　　　　　　　表 8-3

检查项目	指标或允许偏差（mm）
主筋间距	±10
长度	±100
钢筋材质检验	设计要求
箍筋间距	±20
直径	±10

4.7.2 钢筋笼吊放前，宜在上中下部的同一横截面上，对称或间隔 120°绑好砂浆垫块或设置钢筋耳环，吊放时应对准孔位，采用对称吊筋，吊直扶稳，缓慢下沉，钢筋笼放到设计位置时应立即固定。钢筋笼吊放到位后应再次测量沉渣

厚度，当不满足要求时应再次清孔，符合要求后再浇筑混凝土。

4.8 安放混凝土导管

4.8.1 浇筑混凝土的导管宜按表 8-4 选用。

浇筑混凝土导管参数表 表 8-4

桩径（mm）	导管直径（mm）	导管壁厚（mm）	通过能力（m³/h）
800～1250	200	2～5	10
1250～1750	250	3～5	17
＞1750	300	5	25

4.8.2 导管内壁应光滑圆顺，导管的分节长度可视工艺要求确定，第一节底管不宜小于 4m。浇筑混凝土漏斗下，宜配置 0.5m 和 1m 的配套顶管。

4.8.3 导管连接应竖直，接头加橡胶圈予以密封，下端宜高出孔底沉渣面 300～500mm。

4.9 浇筑混凝土

4.9.1 清孔完毕经现场监理工程师验收后，应立即浇筑混凝土。浇筑前应复测沉渣厚度，超过规定者，必须重新清孔，合格后方可浇筑混凝土。

4.9.2 混凝土浇筑前，导管中应设置球、塞等隔水；浇筑时，首罐量应保证导管埋深不小于 1m。

4.9.3 浇筑混凝土应连续施工，边浇筑边拔导管，并随时掌握导管入深度确保导管埋入混凝土深度为 2～6m。

4.9.4 混凝土浇筑到桩顶时，应及时拔出导管，并使混凝土标高大于设计标高 500～700mm。混凝土浇筑完毕后，应拔出护筒，并用素土把桩坑填埋。

4.9.5 混凝土抗压强度试块应按每浇筑 50m³ 至少留置一组；单桩不足 50m³ 的，每连续浇筑 12h 必须至少留置一组。有抗渗等级要求的灌注桩尚应留置抗渗等级检测试件，一个级配不宜少于 3 组。

4.10 灌注桩检测

4.10.1 根据基坑设计要求对灌注桩进行承载力检测，检测合格后进行下一道工序施工。

4.10.2 灌注桩应采用低应变动测进行桩身完整性检测，检测桩数不宜少于总桩数的 20%，且不得少于 5 根。当根据低应变动测法判定的桩身完整性为Ⅲ类或Ⅳ类桩时，应采用钻芯法进行验证，并应扩大低应变动测法检测的数量。

4.11　冠梁施工

4.11.1　按设计要求开挖土方，将桩顶浮浆、低强度混凝土及破碎部分清除，拉线对基底进行平整，平整后浇筑混凝土垫层。

4.11.2　弹出冠梁边框线。

4.11.3　钢筋绑扎的铅丝扣应左右交错，八字形对称绑扎。受力钢筋的接头位置应互相错开，接头位置应设置在受力较小处。接头面积百分率应符合设计要求和规范规定。所有受力钢筋和箍筋交错处应全部绑扎。

4.11.4　按设计要求和冠梁边框线支设模板并加固牢固。检查合格后浇筑混凝土。

4.11.5　浇筑冠梁混凝土并按方案要求进行覆盖养护。浇筑后在常温条件下，12h 后浇水养护，养护时间不得少于 14d，浇水次数应能保持混凝土处于湿润状态。养护水应满足养护要求。当日平均气温低于 5℃时，不得浇水养护并应采取保温措施。

5　质量标准

5.0.1　混凝土灌注桩钢筋笼质量检验标准见表 8-3 的规定。

5.0.2　混凝土灌注桩排桩主控项目的检验标准，应符合表 8-5 的规定。

混凝土灌注桩排桩主控项目的检验标准　　　　　　表 8-5

项目	指标或允许偏差
孔深	不小于设计值
桩身完整性	设计要求
混凝土强度	不小于设计值

5.0.3　混凝土灌注桩排桩一般项目的检验标准应符合表 8-6 的规定。

混凝土灌注桩排桩一般项目的检验标准　　　　　　表 8-6

项目	允许偏差或允许值
垂直度	≤1/100
桩位（mm）	≤50
桩顶标高（mm）	±50
桩径	不小于设计值

6 成品保护

6.0.1 钢筋笼在制作、运输和安装过程中，应采取措施防止变形。

6.0.2 混凝土浇筑标高低于地面的桩孔，浇筑完毕应立即回填砂石至地面标高，严禁用大石、砖块等物回填桩孔。

6.0.3 桩头外留主筋应妥善保护，不得任意弯折或切断。

6.0.4 桩头达到设计强度的70%前，不得碰撞、碾压，以防桩头破坏。桩头外留主筋应妥善保护，不得随意弯折或切断。

7 应注意的问题

7.1 应注意的质量问题

7.1.1 钻进过程中，应经常检查机架有无松动或移位，防止桩孔移动或倾斜。

7.1.2 冲击成孔时，应待邻孔混凝土达到其强度的50%方可开钻，成孔过程中严禁采用梅花孔。

7.1.3 施工中应定期测定泥浆黏度、含砂率和胶体率。

7.1.4 钢筋笼在堆放、运输、起吊、入孔等过程中，严格执行加固的技术措施。对已变形的钢筋笼，应修理后再使用。

7.1.5 清孔过程中应及时补给足够的泥浆并保持浆面稳定，孔底沉渣应清理干净，满足实际有效孔深的设计要求和规范规定。

7.1.6 钻机安装、移位及钢筋笼运输、混凝土浇筑时，均应保护好现场的轴线、高程点。

7.2 应注意的安全问题

7.2.1 加强机械维护、检修、保养，机电设备应由专人操作。

7.2.2 严格用电管理，施工现场的一切电路的安装和拆除，必须由持证电工操作，电器必须严格接地、接零和漏电保护。现场电缆应架空或埋地，严禁拖地和埋压土中。

7.2.3 现场工人作业必须戴安全帽，严禁酒后操作机械和上岗工作。

7.2.4 大直径灌注桩井口应设安全盖，防止掉物和塌孔。

7.2.5 混凝土浇筑完后，应及时抽干空桩部分的泥浆，回填素土并压实。

7.3　应注意的绿色施工问题

7.3.1　合理布置施工现场的临时设施、临时道路、排水系统和泥浆池、循环沟等。施工材料和机械设备应摆放整齐有序。

7.3.2　施工废水、生活污水必须过滤沉淀，符合要求后才可排入市政排水管网。施工泥浆应及时用专用泥浆车外运出场地，含油及有毒有害废液必须统一收集，用固体容器收集盛装，送有关单位处理。

7.3.3　对机械排放的噪声宜采取封闭的原则控制噪声的扩散。对车辆产生的噪声采取低速慢行的方法控制。对搬运材料和安装机械设备等人为噪声，采取对作业人员专门培训教育，提高人的环境保护素质，自觉遵守噪声控制规定，做到轻拿轻放，严禁大锤敲打，降低噪声污染。

8　质量记录

8.0.1　设计图纸会审记录和设计变更通知单。

8.0.2　技术交底记录和安全交底记录。

8.0.3　施工测量记录。

8.0.4　钢筋、电焊条等原材料合格证、出厂检验报告和进场复验报告。

8.0.5　商品混凝土配合比通知单。

8.0.6　钻孔成孔施工记录。

8.0.7　泥浆质量检查记录。

8.0.8　混凝土灌注桩验收记录。

8.0.9　混凝土灌注桩排桩支护分项工程验收记录。

8.0.10　混凝土试块强度报告。

8.0.11　灌注桩承载力检测报告和桩身完整性检测报告。

8.0.12　其他技术文件。

第9章 钢板桩围护墙支护

本工艺标准适用于市政、建筑工程的基坑为钢板桩围护墙支护的工程。

1 引用标准

《建筑基坑工程监测技术规范》GB 50497—2009

《钢结构焊接规范》GB 50661—2011

《钢结构工程施工质量验收规范》GB 50205—2001

《建筑地基基础工程施工规范》GB 51004—2015

《建筑地基基础工程施工质量验收规范》GB 50202—2018

《建筑基坑支护技术规程》JGJ 120—2012

《建筑深基坑工程施工安全技术规范》JGJ 311—2013

《建筑机械使用安全技术规程》JGJ 33—2012

《山西省建筑基坑工程技术规范》DBJ04/T 306—2014

2 术语

2.0.1 钢板桩：是带有锁口的一种型钢，其截面有直线型、帽型、U型、H型及Z型等，有各种大小尺寸及联锁形式。

2.0.2 打桩导向架：在钢板桩打入时应设置，用于保证钢板桩沉桩的位置、垂直度及施打钢板桩墙面的平整度。导向支架由围檩及围檩桩组成。

2.0.3 单独打入法：从钢板桩墙的一角开始，逐块夯打，直到工程结束。这种方法简便迅速不需辅助支架，但易使板钢桩间一侧倾斜，误差积累后不易纠正。适用于要求不高，钢板桩长度较小的情况。

2.0.4 屏风式打入法：将10～20根钢板桩成排插入导架内，呈屏风状，然后再分批施打。这种打入方法可减少误差积累和倾斜，易于实现封闭合拢，保证施工质量。但插桩的自立高度较大，必须注意插桩的稳定和施工安全，较单独打入法施工速度较慢。是目前常采用的一种打入方法。

2.0.5 大锁扣夯打法：从钢板桩墙的一角开始，逐块夯打，每块之间的锁扣并没有扣死。该法仅适用于强度较好透水性差、对围护系统要求精度低的工程。

2.0.6 小锁扣夯打法：从钢板桩墙的一角开始，逐块夯打，且每块之间的锁扣要求锁好。能保证施工质量，止水较好，支护效果较佳，钢板桩用量亦较少。但夯打速度较缓慢。

2.0.7 静力拔桩法：可采用独脚拔杆或人字拔杆，并设置缆风绳以稳定拔杆。拔杆顶端固定滑轮组，下端设导向滑轮，钢丝绳通过导向滑轮引至卷扬机，也可采用倒链用人工进行拔出。拔杆常采用钢管或格构式钢结构，对较小、较短的钢板桩也可采用大拔杆。

2.0.8 振动拔桩法：振动拔桩是利用振动锤对钢板桩施加振动力，扰动土体，破坏其与钢板桩间的摩阻力和吸附力并施加吊升力将桩拔出。这种方法效率高、操作简便，是广泛采用的一种拔桩方法。振动拔桩主要选择拔桩振动锤，一般拔桩振动锤均可作打、拔桩之用。

3 施工准备

3.1 作业条件

3.1.1 施工前已进行岩土工程勘察。

3.1.2 编制钢板桩围护墙支护施工方案。基坑支护设计完成，经过强度、稳定性和变形计算。钢板桩采用振动沉拔桩时，应评估对周边环境的不利影响，施工前应进行工艺试验，确认该工艺的合理性。

3.1.3 钢板桩的设置位置应便于基础施工，即在基础结构边缘之外并留有支、拆模板的施工作业面。特殊情况下如利用钢板桩作为箱基底板或桩基承台的侧模，则必须以使用纤维板（或油毛毡）等隔离材料，以利钢板桩的拔除。

3.1.4 钢板桩的平面布置，应尽量平直整齐，避免不规则的转角以便充分利用标准钢板桩，便于设置支撑。

3.1.5 做好测量放线工作，在基坑边做好轴线标高桩。

3.2 材料及机具

3.2.1 材料：热轧型钢、U型钢板桩、Z型钢板桩、H型钢板桩、帽型钢板桩、直线型钢板桩。

3.2.2 机械：冲击式打桩机、油压式压桩机、柴油锤、蒸汽锤、落锤、振动锤、QNY38 液压履带起重机、交流弧焊机气割等设备。

4 操作工艺

4.1 工艺流程

钢板桩进场检验及矫正 → 定位放线 → 导向架的安装 → 钢板桩焊接 →

夯打钢板桩 → 围檩施工 → 支撑施工 → 拔桩 → 桩孔处理

4.2 钢板桩进场检验及矫正

用于基坑支护的成品钢板桩如为新桩，可按出厂标准进行检验。重复使用的钢板桩在使用前，应对外观质量进行检验，包括长度、宽度、厚度、高度等是否符合设计要求，有无表面缺陷，端头矩形比、垂直度和锁口形状等是否符合要求。当不满足要求时，应矫正或报废。

4.3 定位放线

弹出建筑物或构筑物的边线，从边线每边按钢板桩围护墙设计图纸的要求预留一定的施工作业面，作为打桩的内边线。

在内边线以外挖宽 0.5m、深 0.8m 的沟槽，在沟的两端用木桩将定位线引出，在施工过程中随时校核，保证桩打在一条直线上，开挖后方便围檩和支撑的施工。

4.4 导向架的安装

导向架可以是双面，也可以是单面，可以双面布置，也可以单面布置，一般下层围檩可设在离地约 500mm 处，双面导向架之间的净距应比插入板桩宽度多 8～10mm。

导向支架一般用型钢组成，如 H 型钢、工字钢、槽钢等。导向架内侧边紧靠打桩内边线，并与桩位重叠放置。

4.5 钢板桩焊接

由于钢板桩的长度是设计定长的，在施工中多需要焊接。为了保证钢板桩强度，在同一平面上接桩头数不超过 50%，应按相隔一根长短桩颠倒焊接的接桩方法施工。

4.6 夯打钢板桩

4.6.1 选用吊车将钢板桩吊至插桩点处进行插桩，插桩时锁口要对准，每插一块即套上桩帽，并轻轻地加以锤击。

4.6.2 在打桩过程中，用两台经纬仪在两个方向控制钢板桩的垂直度。在导向架上预先计算出每一块板桩的位置，随时检查校正。

4.6.3 钢板桩应分阶段几次打入，待导向架拆除后再打至设计标高。开始夯打的第一块、第二块钢板桩的打入位置和方向要确保精度，起样板导向的作用，一般每打入1m就应测量一次。

4.7 钢板桩的转角和封闭

为了解决钢板桩墙的最终封闭合拢施工问题，转角处或封闭时可采用异型板桩法、连接件法、骑缝搭接法、轴线调整法进行调整。

4.8 围檩施工

围檩和支撑的中心标高按图纸设计标高控制，围檩下方用厚14mm以上的钢板做牛腿，间距不大于3m。围檩与钢板桩的空隙用碎钢板垫实。围檩采用H型钢或槽钢。

4.9 支撑的施工

支撑采用H型钢或钢管支撑的形式，支撑着力处的围檩应局部焊加劲板。

4.10 拔桩

4.10.1 钢板桩的拔出仍用履带式液压拔桩机。对于封闭式钢板桩墙，拔桩的开始点离开桩角5根以上，必要时还可间隔拔除。拔桩顺序一般与打桩顺序相反。

4.10.2 拔桩时，可先用振动锤将板桩锁口振活以减少土的阻力，然后边振边拔。对较难拔出的板桩可先用柴油锤将桩振打下100～300mm，再与振动锤交替振打、振拔。有时，为及时回填拔桩后的土孔，在把板桩拔至此基础底板略高时（如500mm）暂停引拔，用振动锤振动几分钟，尽量让土孔填实一部分。

4.10.3 起重机应随振动锤的启动而逐渐加荷，起吊力一般小于减振器弹簧的压缩极限。

4.10.4 供振动锤使用的电源应为振动锤本身电动机额定功率的1.2～2.0倍。

4.10.5 对引拔阻力较大的钢板桩，采用间歇振动的方法，每次振动15min，振动锤连续工作不超过 1.5h。

4.11 桩孔处理

4.11.1 钢板桩拔除后留下的土孔应及时回填处理，特别是周围有建筑物、构筑物或地下管线的场所。

4.11.2 土孔回填材料常用砂子，也有采用双液注浆（水泥与水玻璃）或注入水泥砂浆。回填方法可采用振动法、挤密法、填入法及注入法等，回填时应做到密实并无漏填之处。

5 质量标准

5.0.1 所用材料质量应满足设计和规范要求，桩顶标高应满足设计标高的要求，悬臂桩其嵌固长度必须满足设计要求。

5.0.2 钢板桩围护墙支护工程主控项目检验标准见表 9-1。

钢板桩围护墙支护工程主控项目检验标准 　　　　　表 9-1

序号	项目	指标及允许偏差
1	桩长度（mm）	不小于设计值
2	桩身弯曲度（mm）	$<2\%L$
3	桩顶标高（mm）	±100

5.0.3 钢板桩围护墙支护工程一般项目检验标准见表 9-2。

钢板桩围护墙支护工程一般项目检验标准 　　　　　表 9-2

序号	检查项目	允许偏差或允许值
1	齿槽平直度及光滑度	无电焊渣或毛刺
2	沉桩垂直度	$<1\%L$
3	轴线位置（mm）	±100
4	齿槽咬合程度	紧密

6 成品保护

6.0.1 钢板桩施工过程中应注意保护周围道路、建筑物和地下管线的安全。

6.0.2 基坑开挖施工过程对排桩墙及周围土体的变形、周围道路、建筑物以及地下水位情况进行监测。

6.0.3 基坑、地下工程在施工过程中不得伤及板桩墙体。

7 注意事项

7.1 应注意的质量问题

7.1.1 钢板桩嵌固深度必须由计算确定，挖土机、运土车不得在基坑边作业，如必须施工，则应将该项荷载增加计算入设计中。

7.1.2 施工过程中，应注意钢板桩倾侧，基坑底土隆起，地面裂缝。

7.1.3 施工中，采取信息施工的方法对基坑施工的全过程进行监测。

7.2 应注意的安全问题

7.2.1 司机与起重工必须进行考核并取得合格证。

7.2.2 严禁司机酒后上机操作。有物品悬挂在空中时，司机与起重工不得离开工作岗位。

7.2.3 司机必须认真做好起重机的使用、维修、保养和交接班的记录工作。并且机械不得超负荷运转。

7.2.4 打桩施工时，桩机外缘与外电架空线路的最小距离应符合《建设工程施工现场供用电安全规范》GB 50194—2014 的规定。

7.2.5 焊接时，电焊机外壳，必须接地良好，其电源的装拆应由电工进行。电焊机要设单独的开关，开关应放在防雨的闸箱内，拉合时应戴手套侧向操作。在潮湿地点工作，应站在绝缘胶板或木板上。焊接预热工件时，应有石棉布或挡板等隔热措施。

7.2.6 把线、地线、禁止与钢丝绳接触，更不得用钢丝绳或机电设备代替零线。所有地线接头，必须连接牢固。更换场地移动把线时，应切断电源，并不得手持把线爬梯登高。

7.2.7 基坑支护施工及使用过程中，应进行基坑监测和安排专人进行巡视检查。监测过程中发现有异常情况必须及时通知施工单位及设计人员，施工单位应有应急措施，以防发生工程事故。

7.3 应注意的绿色施工问题

7.3.1 调整好打桩机的喷油量、按季节选择柴油标号以减少噪声和废气，在居民住宅区附近施工，早7：30前，晚10点后不得打桩作业，用来消除施工噪声和废气对周围居民生活的影响。

7.3.2 对污水进行处理，对废油进行回收，消除对周围环境的影响。

7.3.3 弃土按甲方指定路线运至弃土场，并不得沿路抛洒。现场不得丢弃快餐盒、饮料瓶等垃圾，减少弃土及废弃物对周围环境的影响。

8 质量记录

8.0.1 钢板桩围护墙打桩施工记录。

8.0.2 型钢检查记录表。

8.0.3 钢板桩验收记录表。

8.0.4 钢板桩、型钢合格证、焊条合格证、焊接试验报告、操作焊工上岗证。

8.0.5 施工日志。

8.0.6 检验试验及见证取样文件。

8.0.7 基坑及周围建（构）筑物变形监测记录。

8.0.8 其他必须提供的文件和记录。

第10章 钻孔咬合桩围护墙支护

本工艺标准适用于风化石灰石岩层、砂砾石层及软土地层深基坑的挡墙结构、止水帷幕的施工，桩身直径为 0.8m、1.0m、1.2m 和 1.5m，深度在 45m 以内。

1 引用标准

《建筑基坑工程监测技术规范》GB 50497—2009

《建筑地基基础工程施工规范》GB 51004—2015

《建筑地基基础工程施工质量验收规范》GB 50202—2018

《建筑桩基技术规范》JGJ 94—2008

《建筑基坑支护技术规程》JGJ 120—2012

《建筑机械使用安全技术规程》JGJ 33—2012

《山西省建筑基坑工程技术规范》DBJ04/T 306—2014

2 术语

2.0.1 钻孔咬合桩：采用机械钻孔施工，桩与桩之间相互咬合排列的一种基坑围护结构，素混凝土桩与钢筋混凝土桩间隔设置。钢筋混凝土桩施工时，利用套管钻机切割掉相邻素混凝土桩相交部分的混凝土，则实现咬合。

2.0.2 导墙：为了提高钻孔咬合桩桩位准确度，在咬合桩施工前，在桩位处顺着桩的咬合方向预先挖沟，在沟两侧作两道素混凝土或钢筋混凝土墙。用于挡土、储存泥浆、支承施工机械等，还可作为测量的基准。

3 施工准备

3.1 作业条件

3.1.1 已编制施工组织设计或施工方案，确定各项技术质量安全措施。

3.1.2 平整施工场地，修筑临时施工道路，接通水源、电源。

3.1.3 修筑泥浆池、循环槽、钢筋加工场地等，合理进行施工平面布置。

3.1.4 导墙的材料一般为混凝土或钢筋混凝土，应根据土质，提前确定导墙厚度。

3.1.5 开钻前选定施工测量定位点，对地质情况进行详细分析，并按设计要求制作钢套筒，采用全站仪测出桩的中心线，在操作平台上标明桩号。

3.2 材料及机具

3.2.1 材料

1 做好钢筋、水泥、砂、石备料计划，并按计划进场，原材料应送检，并经检验合格后使用。

2 商品混凝土，根据设计要求向供应商提出所需混凝土的强度、坍落度、供货到现场的时间和数量等要求，使其满足缓凝、抗渗的要求。

3 在有较厚的砂、碎石土等原土不能造浆的场地施工时，应备足黏土或膨润土。

3.2.2 主要机具

1 旋挖机、回转钻机、冲击钻机、砂石泵、泥浆泵、双腰合金钻头、扩底钻头、冲击钻头、电焊机、气焊机、钢筋切割机、护筒、导管、储料斗、灌注斗、泥浆、废渣运输车。

2 全站仪、水准仪、经纬仪、泥浆比重计、试模、坍落度计、孔径检测仪、孔深检测器具。

4 操作工艺

4.1 工艺流程

平整场地 → 测量放线 → 导墙施工 → 套管钻机就位 → 钻进取土 →

吊放钢筋笼 → 放入混凝土灌注导管 → 灌注混凝土 → 拔管成桩

4.2 平整场地

清除地表杂物，平整场地，填平碾压地面、管线迁移的沟槽。

4.3 测量放线

根据设计图纸提供的排桩中心线坐标，采用全站仪根据地面导线控制点进行实地放样，放出桩位中心线、导墙内侧线（基坑边线）、导墙外侧线，设置控制桩。

4.4　导墙施工

导墙施工参照地连墙的导墙施工方法进行施工。

4.5　套管钻机就位

4.5.1　待导墙强度达到要求后，拆除模板，重新定位放样排桩中心位置，将点返至导墙面上，作为钻机定位控制点。

4.5.2　移动套管钻机至正确位置，使套管钻机抱管器中心对应定位在导墙孔位中心。

4.6　钻进取土

4.6.1　在桩机就位后，吊装第一节套管在桩机钳口中，找正桩管垂直度后，摇动下压桩管，压入深度约为 1.5～2.5m，然后用抓斗从套管内取土（旋挖机取土），一边抓土、一边继续下压套管，始终保持套管底口超前于开挖面的深度。

4.6.2　第一节套管全部压入土中后（地面上要留 1.2～1.5m，以便于接管），检测垂直度，如不合格则进行纠偏调整，如合格则安装第二节套管继续下压取土，如此继续，直至达到设计孔底标高。

4.7　清孔

4.7.1　在灌注桩浇混凝土之前，对已钻成的桩孔必须进行清孔。

4.7.2　清孔采用正循环为主，当部分地段圆砾含量较多，颗粒较大，正循环清孔有困难时采用反循环或气矩法清孔。

4.7.3　当钻孔终孔后，清孔工作要及时进行，清孔指标见表 10-1。

清孔指标　　　　　　　　　　　　　　　　　　表 10-1

指标	相对密度（kg/m³）	含砂率（％）	黏度（Pa·s）	备注
数值	1.10～1.20	4％～6％	20～22	

4.8　吊放钢筋笼

4.8.1　对于钢筋混凝土桩，成孔检测合格后才可进行钢筋笼的吊放。

4.8.2　用吊车将加工成型的钢筋笼吊入桩孔内。

4.8.3　钢筋笼吊运时应防止扭转、弯曲，缓慢下放，避免碰撞钢套管壁，安装钢筋笼时应采取有效措施可以保证钢筋笼标高的正确。

4.9　灌注混凝土

4.9.1　利用导管灌注，导管口距混凝土表面的高度保持在 2m 以内，施工中要连续灌注，中断时间不得超过 45min。导管提升时不得碰撞钢筋笼，距套管口 8m 以内时每 1m 捣固一次。

4.9.2 如孔内有水时即需要采用水下混凝土灌注法施工。水下混凝土灌注采用导管法，导管为 $\phi250mm$ 的法兰式钢管，埋入混凝土的深度宜保持在 $2\sim6m$ 之间，最小埋入深度不得小于 1m，一次拔出高度不得超过 4m。

4.10 拔管成桩

4.10.1 钢套管随混凝土灌注逐段上拔，起拔套管应摇动慢拔，保持套管顺直，严禁强拔。

4.10.2 拔管时，应注意始终保持套管底低于混凝土面。

5 质量标准

5.0.1 咬合桩主控项目质量检验标准见表 10-2。

咬合桩主控项目质量检验标准 表 10-2

序号	检查项目	允许偏差或允许值（mm）
1	桩长度	+10 0
2	桩身弯曲度	$<0.1\%L$
3	桩身完整性	ⅠⅡ类

5.0.2 咬合桩一般项目质量检验标准见表 10-3。

咬合桩一般项目质量检验标准 表 10-3

序号	检查项目	允许偏差或允许值（mm）
1	偏转角度（°）	$\leqslant5$
2	保护层厚度	±5
3	横截面相对两面之差	5
4	桩厚度（mm）	+10，0
5	搭接（mm）	>200
6	桩垂直度（%）	$<0.3\%L$

6 成品保护

6.0.1 轴线控制点应设置在距外墙桩 $5\sim10m$ 处，用水泥桩固定，桩位施放后用木桩固定，套管钻孔就位时，应保护好桩位中心点位置。

6.0.2　钢筋笼应按编号分节在平地上用方木铺垫存放，存放时，小直径桩钢筋笼堆放层数不能超过两层，大直径桩钢筋笼不允许叠层堆放。存放的钢筋笼应用雨布覆盖，防止生锈及变形。吊装在孔内的钢筋笼，经检查安装位置及高程后，如果符合规范和设计要求后，应立即固定。

6.0.3　对已浇灌完毕的桩，应按规定做好养护工作。

7　注意事项

7.1　应注意的质量问题

7.1.1　施工时先施工素混凝土桩后施工钢筋混凝土桩，施工必须在素混凝土桩混凝土初凝之前完成钢筋混凝土桩的施工。

7.1.2　每台机组分区独立作业，可多台机组跟进作业。单桩成桩时间约 12 小时，保证钢筋混凝土桩在素混凝土桩混凝土初凝前顺利切割成孔。

7.1.3　为了提高咬合桩的防渗效果可预置二次灌浆导管。在预置灌浆导管时，在桩的咬合相交部分，还应布置直径为 50mm 左右的 PVC 导管（二次灌浆导管），当桩的混凝土强度达到设计强度的 40％后进行桩身压密注浆。

7.1.4　冬季施工时应采取保温措施。桩顶混凝土强度未达到设计强度的 40％时不得受冻。

7.2　应注意的安全问题

7.2.1　根据工作需要，配备齐全劳动防护用品。所有现场施工人员必须佩戴安全帽，高空作业要系安全带，特殊工种必须持证上岗，作业中应严格遵守安全操作技术规程、集中精力、谨慎工作，严禁酒后上岗。

7.2.2　大型机械移位时，要有专人负责指挥，小心、缓慢、平衡移动，确保人员及机械安全。

7.2.3　各种施工机械设备经常维修保养，维修时，必须切断电源，严禁设备带病工作，始终保持设备良好运转，施工中要经常检查卷扬机、钢丝绳、滑轮及其他活动体、紧固件，确保施工安全。

7.2.4　施工电器必须严格接地、接零和使用漏电保护器。

7.3　应注意的绿色施工问题

7.3.1　合理布置施工现场的临时设施、临时道路、排水系统和泥浆池、循环沟等。施工材料和机械设备应摆放整齐有序。

7.3.2 进行产生扬尘的作业时，应采取下列措施控制粉尘对大气的污染：

1 土方装载运输应覆盖封闭，以防沿途遗散、扬尘。

2 施工现场经常清扫洒水，大门口设洗车台及沉淀池，车辆出入使用高压水清洗轮胎，避免携带泥土上路。

3 施工产生的废浆废渣要及时清理并用专车外运至指定地点。

7.3.3 施工废水、生活污水必须过滤沉淀，符合要求后才可排入市政排水管网。施工泥浆应及时用专用泥浆车外运出场地，含油及有毒有害废液必须统一收集，用固体容器收集盛装，送有关单位处理。

7.3.4 固体废弃物按不同性质及有害无害分类存放不同的收集箱内，并统一运至指定地点处理。

7.3.5 对机械排放的噪声宜采取封闭的原则控制噪声的扩散。对车辆产生的噪声采取低速慢行的方法控制。对搬运材料和安装机械设备等人为噪声，采取对作业人员专门培训教育，提高人的环境保护素质，自觉遵守噪声控制规定，做到轻拿轻放，严禁大锤敲打，降低噪声污染。

8 质量记录

8.0.1 设计图纸会审记录和设计变更通知单。

8.0.2 技术交底记录和安全交底记录。

8.0.3 施工测量控制点交接记录。

8.0.4 建筑轴线及桩位施放测量资料。

8.0.5 商品混凝土配合比设计报告。

8.0.6 钻孔成孔施工记录。

8.0.7 泥浆质量检查记录。

8.0.8 钻孔桩隐蔽验收记录。

8.0.9 钢筋笼制作、安装验收记录。

8.0.10 灌注质量检测报告。

8.0.11 竣工桩径桩位复核记录。

第 11 章　型钢水泥土搅拌桩围护墙支护

本工艺标准适用于建筑物（构筑物）和市政工程基坑（槽）的止水帷幕墙及基坑围护结构工程支护施工。适用于填土、淤泥质土、黏性土、粉土、砂性土、饱和黄土等。型钢水泥土搅拌桩也可作为内支撑的独立支柱，通常水泥土搅拌桩的长度可达到 30～35m。

1　引用标准

《建筑基坑工程监测技术规范》GB 50497—2009

《钢结构工程施工规范》GB 50755—2012

《钢结构工程施工质量验收规范》GB 50205—2001

《建筑地基基础工程施工规范》GB 51004—2015

《建筑地基基础工程施工质量验收规范》GB 50202—2018

《钢结构焊接规范》GB 50661—2011

《型钢水泥土搅拌墙技术规程》JGJ/T 199—2010

《建筑基坑支护技术规程》JGJ 120—2012

《建筑机械使用安全技术规程》JGJ 33—2012

《山西省建筑基坑工程技术规范》DBJ04/T 306—2014

2　术语

2.0.1　型钢水泥土搅拌墙：在连续套接的三轴水泥土搅拌桩内插入型钢形成的复合挡土截水结构。

2.0.2　减摩材料：当型钢水泥土搅拌墙中型钢需回收时，为减少拔除时的摩阻力而涂抹在内插型钢表面的材料。

2.0.3　套接一孔法施工：在三轴水泥土搅拌桩施工中，先施工的搅拌桩与后施工的搅拌桩有一孔重复搅拌搭接的施工方式。

3 施工准备

3.1 作业条件

3.1.1 施工前应具备岩土工程勘察资料，根据设计要求通过成桩试验，确定搅拌桩的配合比和施工工艺。

3.1.2 施工现场应先平整，清除地上和地下一切障碍物。遇到有明浜、池塘及洼地时，应抽水或清淤，回填黏性土料并予以压实，不得回填杂填土或生活垃圾。

3.1.3 施工所测放的轴线经复核后妥善保护，并根据图纸放出桩位点。

3.1.4 施工前，应标定灰浆泵输送量、灰浆经输浆管到达搅拌机喷浆口的时间和机头提升速度等施工参数。

3.2 材料及机具

3.2.1 水泥宜采用强度等级不低于 42.5 级的普通硅酸盐水泥。材料用量和水灰比应结合土质条件和机械性能，通过现场试验确定。搅拌桩 28d 龄期无侧限抗压强度不应小于设计要求且不宜小于 0.5MPa，其抗渗性能应满足墙体自防渗要求，在砂性土中搅拌桩施工宜外加膨润土。

3.2.2 内插型钢宜采用 Q235B 级钢和 Q345B 级钢。

1 当搅拌桩直在为 650mm 时，内插 H 型钢截面宜采用 H500×300、H500×200。

2 当搅拌桩直在为 850mm 时，内插 H 型钢截面宜采用 H700×300。

3 当搅拌桩直径为 1000mm 时，内插 H 型钢截面宜采用 H800×300、H850×300。

3.2.3 机具：深层搅拌机、起重机、挖掘机、灰浆搅拌机、灰浆泵、导向架、贮浆桶、磅秤、提速测定仪、电气控制柜、铁锹、手推车等。

4 操作工艺

4.1 工艺流程

平整场地 → 定位放线 → 开挖导向沟、设置定位型钢 → 桩机就位 →

制备水泥浆 → 搅拌下沉 → 喷浆搅拌提升 → 桩机移位 → 涂抹减摩剂 →

插入型钢 → 拔出型钢

4.2　平整场地

清除搅拌桩施工区域的表层硬物和地下障碍物，将场地平整至机械工作面高度并适当压实，保证机械移动不沉陷，满足机械钻杆垂直度要求。

4.3　定位放线

确定支护桩中轴线，测定水准桩用于桩深搅拌依据。

4.4　开挖导向沟、设置定位型钢

4.4.1　在沿水泥土搅拌桩墙体方向使用挖掘机在搅拌桩桩位上预先开挖沟槽，沟槽宽约 1.2m，深 1.5m，用于施工导向及存放置换出来的泥浆，并设置定位型钢或混凝土导墙。

4.4.2　钢筋混凝土导墙施工方法和地连墙导墙施工方法一样，座在密实的土层上，高出地面 100mm，导墙净距应比水泥土搅拌桩设计直径宽 40～60mm；如果采用型钢，在平行沟槽方向放置两根 H 型定位型钢，规格为 300mm×300mm，长约 8～12m，在垂直沟槽方向放置两根 H 型定位型钢，规格为 200mm×200mm，长约 2.5m，并在导墙或型钢上面做好桩心位置标记。

4.5　桩机就位

4.5.1　根据设计放线，在桩的中轴线上安放桩机轨道。

4.5.2　桩架在轨道上移动并将桩机的中心对准中轴线。

4.5.3　中轴线放样应分段给出标桩的位置，其数量必须满足桩施工定位的需要。

4.5.4　桩定位力求准确，要保证水泥土搅拌桩间搭接符合设计要求。

4.6　制备水泥浆

待钻掘搅拌机下沉时，即开始按设计确定的配合比拌制水泥浆，压浆前将水泥浆通过滤网倒入具有搅拌设备的贮浆桶或贮浆池中。制备好的浆液不得离析，拌制水泥浆液的水、水泥和外加剂用量以及泵送浆液的时间由专人记录。

4.7　搅拌下沉

4.7.1　待搅拌桩机钻杆下沉到桩的设计桩顶标高时，开动灰浆泵，待纯水泥浆到达搅拌头后，按 0.5～1m/min 的速度下沉搅拌头，边注浆（注浆泵出口压力控制在 0.4～0.6MPa）、边搅拌、边下沉，使水泥浆和原地基土充分拌和，通过观测钻杆上桩长标记，达到设计桩底标高。

4.7.2 浆液泵送量应与搅拌下沉和提升速度相匹配，保证搅拌桩中水泥掺量的均匀性。

4.8 搅拌提升

4.8.1 钻掘搅拌机下沉到设计深度后，稍上提 100mm，再开启灰浆泵，边喷浆、边旋转搅拌钻头、边提升，泵送必须连续。同时严格按照设计确定的提升速度提升钻掘搅拌机，提升速度宜控制在 1～2m/min。

4.8.2 喷浆量及搅拌深度必须采用监测仪器进行自动记录。

4.8.3 钻杆在下沉和提升时均需注入水泥浆液。提升时不应在孔内产生负压造成周边土体的过大扰动，搅拌次数和搅拌时间应能保证水泥土搅拌桩的成桩质量。

4.8.4 在正常情况下，搅拌机头应上下各一次对土体进行喷浆搅拌，对含砂量大的土层，宜在搅拌桩底部 2～3m 范围内上下充分搅拌一次。型钢水泥土搅拌桩主要施工技术参数见表 11-1。

型钢水泥土搅拌桩主要技术参数表　　　表 11-1

序号	项目	技术指标
1	水泥掺量	不小于 22%
2	下沉速度	0.5～1.0m/min
3	提升速度	1.0～2.0m/min
4	搅拌转速	30～50r/min
5	浆液流量	40L/min

4.9 桩机移位

将深层搅拌机移位，重复以上步骤，进行下一根桩的施工。

4.10 涂抹减摩剂

4.10.1 减摩剂要严格按试验配合比及操作方法并结合环境温度制备。

4.10.2 将减摩剂均匀涂抹到型钢表面 2 遍以上，厚度控制在 3mm 左右，型钢表面不能有油污、老锈或块状锈斑。

4.11 插入型钢

4.11.1 在插入型钢前，安装由型钢组合而成的导向架。

4.11.2 每搅拌 1～2 根桩，便及时将型钢插入，停止搅拌至插桩时间宜控制在 30min 内，不能超过 1h。

4.11.3 型钢依靠自重难以插入到位时，使用锤压机具。

4.11.4 型钢水泥土搅拌墙中型钢的间距和平面布置形式应根据计算和设计图纸确定，常用的型钢布置型式有"密插、插二跳一和插一跳一"三种，如图 11-1 所示：

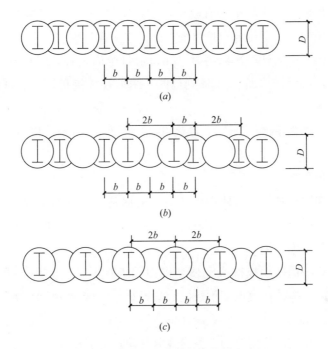

图 11-1　搅拌桩和内插型钢的平面布置

（*a*）密插型；（*b*）插二跳一型；（*c*）插一跳一型

4.11.5 定位型钢及型钢定位卡的安装如图 11-2 所示：

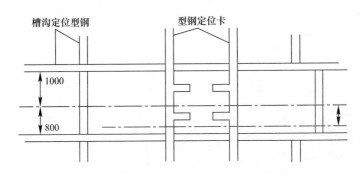

图 11-2　定位型钢及型钢定位卡示意图

4.11.6 型钢起吊前在型钢顶端 150mm 处开一中心圆孔，孔径约 100mm，装好吊具和固定钩，根据引设的高程控制点及现场定位型钢标高选择合理的吊筋长度及焊接点。

4.11.7 型钢采用吊车吊装就位下沉。

4.11.8 型钢应一次起吊垂直就位，型钢定位卡牢固、水平，将 H 型钢底部中心对准桩位中心沿定位卡靠自重垂直插入水泥搅拌桩内。

4.11.9 当型钢插到设计标高时，孔口通过定向装置，用 $\phi 8$ 吊筋将型钢固定。当 H 型钢不能靠自重完全下插到位时，采取搅拌桩机钻管头部静压或采用振动锤进行振压。

4.11.10 H 型钢留置长度为高出顶圈梁 500mm，以便型钢回收时拔出。

4.12　拔出型钢

4.12.1 在围护结构完成使用功能后，根据基坑周围的基础形式及其标高，确定型钢拔出的区块和顺序。先拔较远处型钢，后拔紧靠基础的型钢；先短边后长边的顺序对称拔出型钢。

4.12.2 拔桩用振动拔桩机夹住型钢顶端进行振动，待其与搅拌桩体脱开后，边振动边向上提拔，直至型钢拔出。场地狭小区域或环境复杂部位应利用液压顶升机具拔出。

4.12.3 型钢拔出后留下的空隙应及时注浆填充。

5　质量标准

5.0.1 主控项目

1 水泥、外加剂质量应符合产品标准和设计要求。

2 水泥用量应符合设计要求。

3 桩体强度应符合设计要求。

4 内插型钢截面高度允许偏差（mm）：±5。

5 内插型钢截面宽度允许偏差（mm）：±3。

6 型钢长度允许偏差（mm）：±10。

5.0.2 一般项目

水泥土搅拌桩一般项目质量检验标准应符合表 11-2 的规定。

型钢水泥土搅拌桩一般项目质量检验标准 表 11-2

序号	检查项目		允许偏差值（mm）
1	桩径		$<0.04D$
2	桩位偏差		<50
3	桩顶标高		$+100,\ -50$
4	桩底标高		±200
5	垂直度（%）		$\leqslant1$
6	型钢厚度（腹板、翼缘板）		$\geqslant-1$
7	型钢挠度		$\leqslant L/500$
8	型钢顶标高		±50
9	型钢形心转角（°）		$\leqslant3$
10	型钢插入平面位置	平行于基坑边线	$\leqslant50$
		垂直于基坑边线	$\leqslant10$

6 成品保护

6.0.1 桩顶以上应预留 0.7～1.0m 厚土层，待施工结束后，将表层挤松的土挖除，或分层夯压密实后，立即进行下道工序施工。

6.0.2 雨期或冬期施工，应采取防雨防冻措施，防止水泥土受雨水淋湿或冻结。

6.0.3 基坑开挖时，应制定合理的开挖顺序及技术措施，防止破坏桩体。

6.0.4 型钢水泥土搅拌桩达到一定强度后，方可进行下道工序施工。

7 注意事项

7.1 应注意的质量问题

7.1.1 停浆（粉）面一般宜高出设计标高 0.5m。

7.1.2 桩架和搅拌轴应与地面垂直，保证桩位准确。

7.1.3 在整个成桩过程中，钻机与供浆（粉）的操作工、记录员应密切配合，注意孔内喷浆（粉）情况，如发现异常立即调整。

7.1.4 严格控制钻进深度和提升速度，保证浆（粉）达到要求处理的深度和喷浆（粉）的均匀度。

7.1.5 湿法作业时，应按规定的水灰比拌制水泥浆。制备好的水泥浆，不得离析或放置时间过长；浆液倒入集料斗时，应加筛过滤，以免浆内结块损坏泵体。

7.1.6 当浆液达到出浆口后，应喷浆座底 30s，使浆液完全到达桩端；当喷浆口到达桩顶标高时，应停止提升，再搅拌 1～2min，以保证桩头均匀密实。

7.1.7 壁状加固时，桩与桩的搭接时间不应大于 24h，如间歇时间过长，应采取钻孔留出榫头或局部补桩注浆等措施进行处理。

7.1.8 深层搅拌机和钻机周围必须做好排水工作，防止泥浆或污水灌入已施工完的桩位处。

7.1.9 冬期施工应对水、水泥浆、输浆管路及储浆设施进行有效保温的措施，防止冻结。

7.2 应注意的安全问题

7.2.1 施工机械、电气设备等在确认完好后方准使用。

7.2.2 电网电压低于 360V 时，应暂停施工，以保护电机。

7.2.3 泵送水泥浆前，管路应保持湿润，以利输浆。

7.2.4 施工时因故停浆超过 3h，宜先拆卸输浆管道，并清洗干净，防止水泥浆硬结堵管。

7.3 应注意的绿色施工问题

7.3.1 现场粉尘应洒水，产生的泥浆土及时清理外运。

7.3.2 挖土及产生出的土方按指定地点集中堆放，封闭外运。

7.3.3 施工机械设备作业安排应遵守城市噪声控制要求。

7.3.4 水泥等细颗粒散体材料，应遮盖存放。水泥堆放必须有防雨、防潮措施，不得污染。

8 质量记录

8.0.1 型钢合格证、焊条合格证、焊接试验报告、操作焊工上岗证。

8.0.2 H 型钢检查记录。

8.0.3 水泥合格证及复检报告。

8.0.4 检验试验及见证取样文件。

8.0.5 型钢水泥土搅拌桩质量验收记录。

8.0.6 型钢水泥土搅拌桩施工记录。

8.0.7 施工日志。

8.0.8 其他必须提供的文件和记录。

第 12 章　锚 杆 支 护

本工艺标准适用于工业与民用建筑建（构）筑物、市政基础设施的基坑边坡和永久性边坡采用锚杆支护的工程施工。

1　引用标准

《复合土钉墙基坑支护技术规范》GB 50739—2011

《岩土锚杆与喷射混凝土支护工程技术规范》GB 50086—2015

《建筑边坡工程技术规范》GB 50330—2013

《建筑基坑工程监测技术规范》GB 50497—2009

《建筑地基基础工程施工规范》GB 51004—2015

《地基基础工程施工质量验收规范》GB 50202—2018

《建筑基坑支护技术规程》JGJ 120-2012

《建筑深基坑工程施工安全技术规范》JGJ 311—2013

《山西省建筑基坑工程技术规范》DBJ04/T 306—2014

2　术语

2.0.1　锚杆：由杆体（钢绞线、普通钢筋、预应力螺纹钢筋或钢管）、注浆形成的固结体、锚具、套管、连接器所组成的一端与支护结构构件连接，另一端锚固在稳定岩土体内的受拉杆件。杆体采用钢绞线时，亦可称为锚索。

2.0.2　腰梁：设置在挡土构件侧面的连接锚杆或内支撑的钢筋混凝土或型钢梁式构件。

3　施工准备

3.1　作业条件

3.1.1　有经审查合格或专家论证满足要求的设计图纸。有已编制并经审批的施工组织设计或施工方案。

3.1.2 当施工预应力锚杆时，张拉设备已进行配套标定，有千斤顶张拉力与油泵压力表读数关系表和曲线图。

3.1.3 当设计要求或施工需要进行预应力锚杆的基本试验时，应按国家现行标准《岩土锚杆与喷射混凝土支护工程技术规范》GB 50086、《建筑边坡工程技术规范》GB 50330 和《建筑基坑支护技术规程》JGJ 120 等的规定在正式施工前进行，以验证设计参数，完善施工工艺，做出必要的修改。

3.2 材料及机具

3.2.1 水泥：应使用普通硅酸盐水泥或矿渣硅酸盐水泥，其质量应分别符合《通用硅酸盐水泥》GB 175 的规定，有出厂合格证和材料性能检验报告。用于永久边坡支护时，应有主要性能复试报告。不得使用高铝水泥。

3.2.2 钢绞线质量应符合国家现行标准《预应力混凝土用钢绞线》GB/T 5224 的规定，锚具的质量应符合国家现行标准《预应力筋用锚具、夹具和连接器》GB/T 14370 的规定。钢绞线和锚具有出厂合格证和材料性能检验报告。锚具和连接锚杆杆体的受力部件，均应能承受 95％的杆件极限抗拉力。用于永久边坡支护时，应有主要性能复试报告。

3.2.3 水：宜使用饮用水。当采用其他水源时，水质应符合国家现行标准《混凝土拌和用水标准》JGJ 63 的规定。

3.2.4 外加剂：应符合国家现行标准《混凝土外加剂》GB 8076、《混凝土外加剂应用技术规范》GB 50119 的规定。严禁使用含氯化物的外加剂。

3.2.5 塑料管：内外表面应光滑、清洁，无裂缝、针孔、气泡、破裂和其他缺陷，塑料成分中不应含有能引起杆体表面腐蚀的物质。

3.2.6 钢管、防腐材料及其他材料质量应符合设计要求和相关国家现行规范的规定。

3.2.7 成孔机具：洛阳铲、螺旋钻机、套管跟进钻机、回旋钻机、气动冲击钻机、潜孔钻机等。根据岩土类型、地下水位、孔深、现场环境和地形条件、经济性和施工进度等因素，按施工组织设计选用。

3.2.8 其他机具：搅拌机、贮浆机、注浆泵、穿心式千斤顶、油泵、位移测量仪表、电焊机、空压机等。

4 操作工艺

4.1 工艺流程

4.1.1 锚杆支护工艺流程

确定孔位 → 钻机就位钻孔 → 清孔 → 锚杆安放 → 制浆 → 一次注浆 →

二次高压注浆 → 混凝土承载力浇筑或型钢腰梁制作 → 锚杆张拉锁定 →

外锚头防护

4.1.2 当支护结构设计方案有喷射混凝土面层时，喷射混凝土的工艺参照土钉墙部分的喷射混凝土施工。

4.2 确定孔位

根据设计规定的位置定出孔位，做出标记。

4.3 钻机就位钻孔

钻机就位，按设计要求的孔径选钻头、套管，调整钻具对准孔位，并符合设计规定的倾角及方位角。开机，钻杆钻入地层；当钻进 200～300mm 时，校准角度，在钻进中及时测量孔斜并及时纠偏；钻孔深度应超过锚杆设计长度的 300～500mm。采用套管跟进式钻进时，护壁套管与钻杆同时钻进，冲洗介质通过中空钻杆和钻头输入，废渣沿钻杆和套管间排出。泥浆护壁湿法成孔时，可采用回旋钻机等；干法成孔时，可采用螺旋钻机、冲击式钻机、潜孔钻机、洛阳铲或其他成孔方法。

成孔应间隔进行，成孔后应及时插入杆体及注浆。

4.4 清孔

钻成孔后安放锚杆前，湿法成孔应用清水冲洗干净，干法成孔应用压缩空气吹或洛阳铲等手工方法将依附在孔壁上的土屑或松散土清除干净。

4.5 钢绞线下料制作编束

4.5.1 钢绞线应清除油污、锈蚀，其下料长度应包括孔深、混凝土承载墩或型钢腰梁厚度、垫板厚度、锚具长度、千斤顶长度及张拉需要的预留长度。

4.5.2 钢绞线用砂轮切割机下料，严禁用电弧或乙炔焰切割。同一根锚杆的各根钢绞线的下料长度应相同，偏差不应大于 10mm。

4.5.3 钢绞线自由段抹黄油，套蛇皮塑料管保护套，用塑料胶带缠绕塑料管保护套与钢绞线锚固段相交处。永久性边坡钢绞线的自由段应刷沥青船底漆，沥青玻纤布缠裹不少于两层，然后装入套管中，在套管两端 100～200mm 范围内用黄油充填，外绕扎工程胶布固定。

4.5.4 钢绞线按设计要求的根数整齐排列、间距均匀编束。不得扭结，用隔离支架定位，绑扎牢固，隔离支架间距保持在 1.5～2.0m。隔离支架的规格尺寸和间距应能确保锚杆的水泥浆保护层厚度：永久性护坡用锚杆不少于 20mm，临时性护坡用锚杆不少于 10mm。

4.5.5 当采用二次高压注浆时，二次注浆宜用 DN20 钢管，采用丝扣连接，在锚杆自由段范围内不打孔，其余部位钻 6mm 对口孔，间距为 500～600mm，孔口用多层胶带缠绕封口，末端用丝堵封口。二次注浆管置于钢绞线束中间，即穿入隔离支架中心孔内。一次注浆管可用 DN20 塑料管，置于隔离支架中心外侧。注浆管距孔底宜为 100～200mm。

4.5.6 当采用一次注浆时，注浆管用 DN20 塑料管，置于钢绞线束中间，即穿入隔离支架中心孔内。注浆管距孔底宜为 100～200mm。

4.5.7 注浆管与锚杆应绑在一起，与隔离支架固定牢固，整齐排列。绑扎材料不宜用镀锌材料，注浆管口均应临时封闭。

4.6 锚杆安放

4.6.1 当锚杆杆体选用 HRB400、HRB500 钢筋时，其连接宜采用机械连接、双面搭接焊、双面帮条焊；采用双面焊时，焊缝长度不应小于杆体钢筋直径的 5 倍。杆体制作和安放时，应除锈、除油污、避免杆体弯曲。

4.6.2 锚杆应在清孔后及时安放。

4.6.3 锚杆在搬运和安放过程中应防止明显的弯曲、扭转，并不得破坏隔离支架、防腐套管、注浆管及其他附件。

4.6.4 锚杆的安放位置应与钻孔同心，其端部应到达设计规定的位置。

4.7 制浆

4.7.1 注浆浆体应按设计配制。当岩土为土层时，一次注浆水泥浆的水灰比宜为 0.45～0.50，二次注浆水泥浆的水灰比宜为 0.45～0.55；当为岩层时，宜取较低水灰比。

4.7.2 制浆用强制式搅拌机完成。水泥浆经搅拌后，注入贮浆机并不断搅拌。水泥浆注入注浆泵前要过滤，水泥浆混合好后，应在 30min 内完成。

4.8　一次注浆

4.8.1　一次注浆采用低压注浆，注浆压力一般宜为 0.4～0.6MPa，并在锚固段和自由段全长度范围内注浆。

4.8.2　当采用套管跟进钻孔时，应一次将水泥浆注满，再分次拆卸套管、分次补浆，最后拔出注浆管，再补浆。注意控制套管拔出速度。

4.8.3　注浆应慢、稳、连续进行，直到孔内的液体和气泡全部排出孔外，出口处溢出的泥浆与新浆相同后，再延续 1min 即可停止。

4.9　二次高压注浆

4.9.1　采用二次压力注浆工艺时，注浆管应在注浆管末端（1/4～1/3）锚固端长度范围内设置注浆孔，孔间距宜取 500～800mm，每个注浆截面的注浆孔宜取 2 个。

4.9.2　二次注浆应在一次注浆体强度达到 5MPa 时进行。二次注浆采用高压劈裂注浆，注浆压力宜控制在 2.0～3.0MPa。

4.9.3　二次注浆量可根据注浆工艺及锚固体的体积确定，一般不宜少于一次注浆量。

4.10　混凝土承载墩浇筑或型钢腰梁制作

按设计要求制作混凝土承载墩或制作型钢腰梁，注意钢垫板应与锚杆轴线保持垂直，钢垫板孔位与锚杆中心一致，钢垫板下的混凝土应密实。

4.11　锚杆张拉锁定

4.11.1　锚杆张拉时，锚固体与台座混凝土强度应达到设计规定的数值。当设计无规定时，锚固体的强度应大于 15MPa 或达到设计强度的 75% 以上，混凝土腰梁承载墩的强度应达到设计强度的 75% 以上。

4.11.2　锚杆张拉顺序应考虑邻近锚杆的相互影响，一般采用跳拉法。

4.11.3　锚杆的张拉力和锁定力均应符合设计规定。当设计无规定时，土体控制张拉力取设计荷载的 0.9～1.0 倍，岩体支护采用超张拉，控制张拉力取设计荷载的 1.05～1.10 倍。达到规定的张拉力后，稳压 10min 卸荷至锁定力锁定。

4.11.4　采用非分级张拉时，先进行单根钢绞线顶紧，再进行整束张拉，顶紧应力宜为 $0.2\delta_{con}\sim0.3\delta_{con}$。

4.11.5　当设计有要求或施工需要时，应分级加载。分级张拉力分别取 0.20、0.25、0.50、0.75、1.0 倍控制张拉力，每级张拉后持荷 2～5min。也可采用其他分级张拉力。

4.11.6 锚杆加载、卸载均应缓慢平稳，加载速率不宜超过 $0.1\delta_{con}$，卸载速率不宜超过 $0.2\delta_{con}$。

4.11.7 锚杆张拉时，应测量其伸长值，弹性变形不应小于自由段长度变形计算值的 80%，且不应大于自由段长度与 1/2 锚固段长度之和的弹性变形计算值。

4.12 外锚头防护

永久性支护的外锚头应按设计要求进行防护，通常采用混凝土结构封锚或金属（塑料）防护罩封锚。

5 质量标准

5.0.1 主控项目

1 锚杆长度不应小于设计长度。

2 锚杆预加力应符合设计要求。

3 锚杆抗拔承载力应符合设计要求。

4 锚固体强度应符合设计要求。

5.0.2 一般项目

1 钻孔孔位的允许偏差：$\leqslant 100mm$。

2 锚杆直径应不小于设计值。

3 钻孔倾斜度的允许偏差：$\leqslant 3°$。

4 水胶比应符合设计要求。

5 注浆量应大于理论计算浆量。

6 自由段的套管长度允许偏差：$\pm 50mm$。

7 注浆压力应符合设计要求。

6 成品保护

6.0.1 钢绞线应存放在干燥、通风的场地，并架空放置，避免接触有害物质，防止锈蚀。

6.0.2 锚杆体系搬运安装时应谨慎操作，防止过度弯曲和扭曲。

6.0.3 锚杆作业完成后进行土方开挖时，挖土设备不得碰撞锚具。

7　注意事项

7.1　应注意的质量问题

7.1.1　湿陷性黄土层中应采用干作业成孔，注浆液水灰比应严格控制。

7.1.2　地下水较高的土层中应采用套管跟进成孔，避免水土流失。

7.2　应注意的安全问题

7.2.1　预应力锚杆张拉作业前，必须在张拉端设置有效的防护措施。张拉过程中，操作人员应站在千斤顶侧面操作。严禁采用敲击方法调整施力装置，不得在锚杆端部悬挂重物或碰撞锚具。

7.2.2　环境较复杂场地进行锚杆施工时，应密切关注基坑及周边环境监测信息，出现报警情况时立即启动应急预案。

7.3　应注意的绿色施工问题

7.3.1　空压机处应搭设防噪声棚，四周封闭，防止噪声影响周围人员。

7.3.2　搅拌机应搭设防噪声、防粉尘污染棚。

7.3.3　基坑施工的噪声、振动等对周边环境和居民应采取防干扰措施。

8　质量记录

8.0.1　水泥、钢绞线、锚具出厂合格证、进场验证记录和复试记录。

8.0.2　水泥浆强度试验记录。

8.0.3　支护测量放线记录。

8.0.4　锚杆成孔记录。

8.0.5　锚杆安装记录。

8.0.6　预应力锚杆张拉与锁定施工记录。

8.0.7　基坑支护变形监控记录。

8.0.8　基本试验记录和验收试验记录。

8.0.9　锚杆支护工程检验批质量验收记录。

8.0.10　锚杆支护分项工程质量验收记录。

8.0.11　其他技术文件。

第 13 章　土钉墙支护

本工艺标准适用于工业与民用建筑建（构）筑物、市政基础设施工程基坑边坡采用土钉墙支护的工程施工。

1　引用标准

《建筑地基基础工程施工规范》GB 51004—2015

《复合土钉墙基坑支护技术规范》GB 50739—2011

《建筑地基基础工程施工质量验收规范》GB 50202—2018

《建筑基坑支护技术规程》JGJ 120—2012

《喷射混凝土应用技术规程》JGJ/T 372—2016

《山西省建筑基坑工程技术规范》DBJ04/T 306—2014

2　术语

2.0.1　土钉：设置在基坑侧壁土体内的承受拉力与剪力的杆件。例如：成孔后植入钢筋杆体并通过孔内注浆在杆体周围形成固结体的钢筋土钉；将设有出浆孔的钢管直接击入基坑侧壁土中并在钢管内注浆的钢管土钉。

2.0.2　土钉墙：由随基坑开挖分层设置的、纵横向密布的土钉群、喷射混凝土面层及原位土体所组成的支护结构。

3　施工准备

3.1　作业条件

3.1.1　具备三通（道路、给水、电）一平（场地）条件。

3.1.2　干法喷射混凝土施工的供水设施应保证喷头处有适宜的水压。

3.2　材料及机具

3.2.1　水泥：普通硅酸盐水泥或矿渣硅酸盐水泥，其质量应分别符合现行标准《通用硅酸盐水泥》GB 175 的规定，有出厂合格证和材料性能检验报告。

3.2.2 砂：中粗砂，细度模数宜大于 2.5。其质量应符合现行标准《普通混凝土用砂、石质量及检验方法标准》JGJ 52 的规定，有进场试验报告。

3.2.3 石子：卵石或碎石，最大粒径不宜大于 15mm。其质量应符合现行标准《普通混凝土用砂、石质量及检验方法标准》JGJ 52 的规定，有进场试验报告。

3.2.4 水：宜使用饮用水。当采用其他水源时，水质应符合国家现行标准《混凝土用水标准》JGJ 63 的规定。

3.2.5 钢筋、钢管：种类、规格应符合设计要求。土钉宜采用 HRB400、HRB500 热轧带肋钢筋，钢筋直径宜为 16~32mm；网片宜采用 HPB300 圆钢或 CRB550 级冷轧带肋钢筋；钢管宜采用 Q235 焊接钢管或无缝钢管，其外径不宜小于 48mm，壁厚不宜小于 3.0mm。其质量应分别符合现行标准《钢筋混凝土用钢 第 2 部分：热轧带肋钢筋》GB/T 1499.2、《低碳钢热轧圆盘条》GB/T 701、《钢筋混凝土用钢 第 1 部分：热轧光圆钢筋》GB/T 1499.1、《冷轧带肋钢筋》GB/T 13788 或《低压流体输送用焊接钢管》GB/T 3091、《直缝电焊钢管》GB/T 13793、《输送流体用无缝钢管》GB/T 8163 的规定。

3.2.6 速凝剂：其质量应符合现行标准《喷射混凝土用速凝剂》JC 477 的规定。

3.2.7 其他材料：电焊条、外加剂的品种、性能应符合设计要求和相应标准的规定。

3.2.8 空压机：排气量不应小于 9m³/min。

3.2.9 喷射混凝土机：干法喷射混凝土机的生产能力为 3~5m³/h，混合料输送距离，水平不小于 100m，垂直不小于 30m；湿法喷射混凝土机的生产率应大于 5m³/h，混凝土输送距离，水平不小于 30m，垂直不小于 20m。

3.2.10 搅拌机：强制式混凝土搅拌机、砂浆搅拌机，宜选用小型、便于移动的机械。

3.2.11 注浆机：注浆工作压力不宜小于 1MPa，灰浆流量不宜小于 0.6 m³/h。

3.2.12 造孔机械：洛阳铲、回旋钻机、冲击钻机、回旋冲击钻机、螺旋钻机、套管跟进钻机等，根据工程规模、环境条件、土质水文情况选用，应能钻小直径斜孔和水平孔。

3.2.13 其他机具：电焊机，二次电流不宜小于 200A；输浆管宜采用耐压橡胶管或耐压 PE 管，管径应满足灌浆量要求；喷射混凝土输料管应能承受 0.8MPa 以上的压力，并应有良好的耐磨性能；钢筋弯曲机和切断机；切割机。

4 操作工艺

4.1 工艺流程

挖土 → 成孔 → 土钉或锚管制作 → 土钉置入或锚管打入 → 注浆 →

铺设钢筋网 → 喷射混凝土 → 养护

4.2 挖土

4.2.1 土方必须分层分段开挖，每层开挖深度不应超过锚孔下 0.5m。

4.2.2 开挖要到位。机械开挖后，应及时对坑壁进行人工修整。坑壁平面位置及坡度应符合设计规定。

4.2.3 特殊情况下的开挖，应符合专门的施工技术措施要求。

4.3 成孔

4.3.1 开挖出的坑壁经修整、检查位置坡度符合要求后，根据设计位置测量放线、定出孔位，做出标记，孔位位置偏差为 100mm。

4.3.2 成孔方法有人工和机械两种。在地下设施较多或地下管线分布复杂、位置不清的情况下，一般土层、孔深不大于 15m 时，可选用洛阳铲造孔，在遇到地下障碍物时能及时发现并立即停止。洛阳铲直径应与锚孔孔径相适应，一般比锚孔小 20mm 左右，成孔直径应符合设计要求。

4.3.3 当选用机械钻孔时，孔深不大于 15m 的一般土层可用螺旋钻机钻孔；饱和土和易塌孔的土层，宜选用带护壁套管的专用钻机；砂卵石土层宜选用冲击钻机或潜孔钻机；也可根据土层情况选用回旋钻机等。机械钻孔的钻杆直径应与锚孔孔径相适应，机械支架及导向架应调整到与锚孔的倾斜度相适应。成孔与水平面夹角应符合设计规定。

4.3.4 锚孔的孔位偏差为 100mm；孔深应大于设计长度；孔径允许偏差为 −5mm。

4.3.5 成孔过程中发现水量较大时，预留导水孔泄水或当土钉墙后存在滞水时，应在含水层部位的墙面设置泄水孔或采取其他疏水措施。

4.3.6 干式造孔，要将孔内的虚土用洛阳铲清除或用压缩空气冲吹干净；

湿式造孔，要用清水置换孔内的泥浆，直至孔口流出清水。

4.3.7　采用锚管时，不造孔，仅放出孔位线，做出标记。

4.4　土钉或锚管制作

4.4.1　土钉钢筋或锚管制作前，先除锈去油污。

4.4.2　土钉钢筋连接时，宜采用双面搭接焊或双面帮条焊。HRB400、HRB500 热轧钢筋，帮条长度和搭接长度均不小于 5 倍钢筋直径。

4.4.3　土钉钢筋应沿全长设置对中支架。对中支架间距根据钢筋直径确定，一般沿钢筋每隔 1.5～2.5m 设置一组，每组不少于 3 个，下部一个，两侧各一个。对中支架用 $\phi6$、$\phi8$ 圆钢制作，长 100～150mm，弯成弧形，其高度应使土钉钢筋居中，一般下部支架高度略高，根据土质软硬程度确定，支架钢筋两端与土钉钢筋焊接牢固。

4.4.4　锚管靠近孔底的端部应轧扁呈楔形焊接封死。钢管的注浆孔应设置在钢管末端（1/2～1/3）L 范围内，L 为钢管土钉的总长度，每个注浆面的注浆孔宜取 2 个，且应对称布置，注浆孔的孔径宜取 5～8mm。软弱土层出浆孔处应倒扣焊接长约 60mm 的 $\angle 30 \times 3$ 防护，注浆孔外设置保护倒刺。开口方向朝孔外，里侧焊接封闭。

4.4.5　钢管土钉的连接采用焊接时，可采用数量不少于 3 根、直径不小于 16mm 的钢筋沿截面均匀分布拼焊，双面焊接时钢筋长度不应小于钢管直径的 2 倍。

4.5　土钉置入或锚管打入

4.5.1　插入土钉钢筋时，未设对中支架的一面朝下，到位后旋转 180°，使未设对中支架一面朝上。底部注浆的注浆管应随土钉一同放入锚孔，注浆管端部距孔底一般为 150～200mm。压力注浆需配 $\phi10$ 左右塑料排气管，与土钉钢筋一同放入锚孔，排气管底部绑扎透气的海绵，外端比锚杆长 1m 左右。注浆管与排气管均应放在土钉正上方，用绑丝或尼龙扎带与土钉绑在一起，土钉应安放到位。

4.5.2　锚管用锤击或冲击钻击入土层中，其位置、方位、倾角、深度应符合设计要求。当锚管注浆有串浆可能时，锚管应分批间隔打入，与注浆进程协调一致。

4.6　注浆

4.6.1　注浆用砂浆时，配合比（重量比）为水泥：砂＝1：0.5～1：1，水灰比为 0.40～0.45；注浆用纯水泥浆时，水灰比为 0.50～0.55；需要时添加早强剂。

4.6.2 注浆砂浆或纯水泥浆用搅拌机拌合，随拌随用，必须在初凝前用完，并严防杂物混入砂浆中。

4.6.3 注浆开始、中途停止超过 30min 或注浆结束，应用清水清洗或湿润注浆泵及管路。

4.6.4 土钉钢筋注浆，既可用砂浆，又可用纯水泥浆，由设计或现场确定。向下倾斜的锚孔可采用底部注浆方式，在注浆的同时将注浆管从孔底匀速缓慢撤出，且在注浆过程中注浆管口应始终埋在浆体中，以保证孔中气体全部逸出，浆液以满孔为准，注浆压力保持 0.5MPa，在浆体初凝前补浆 1～2 次。水平孔可采用低压注浆方式，在孔内设排气孔，孔口设置止浆塞，注满后保持压力 3～5min，注浆压力不得小于 0.6MPa。

4.6.5 锚管注浆采用低压管口注浆方式，宜用纯水泥浆，注浆压力不得小于 0.6MPa，并增加稳压时间，使浆液从锚管壁外溢出。如久注不满，在排除浆液渗入下水管道、冒出地面、从其他锚管溢出等可能后，可采用间歇注浆。

4.7 铺设钢筋网

4.7.1 根据施工作业面分层分段铺设钢筋网，钢筋保护层不宜小于 30mm。HPB300 钢筋网搭接可采用焊接或绑扎，焊接搭接长度应不小于 5 倍钢筋直径，绑扎搭接长度不应小于 40 倍钢筋直径。冷轧带肋钢筋采用绑扎搭接，搭接长度不应小于 300mm。

4.7.2 土钉的锚固可采用土钉钢筋向上弯折（弯折长度不小于 10 倍钢筋直径）、井字形钢筋架等方式，按设计确定，并将直径不小于 $\phi16$ 的 HRB400 通长水平钢筋压在锚杆锚固装置内侧，再敷设竖向或斜向通长钢筋组成的网格，然后将钢筋网压在网格钢筋内侧。钢管土钉采用 2 根 L 形钢筋与钢管和加强筋焊接锚固。

4.7.3 最顶上的钢筋网应延伸到地表面，宽度不宜小于 1m。

4.8 喷射混凝土

4.8.1 喷射混凝土的配合比根据设计要求确定，一般采用水泥：砂：石＝1：(2～2.5)：(2～2.5)，水灰比宜为 0.40～0.45；湿法喷射混凝土的坍落度宜为 80～120mm，速凝剂的掺量通常为水泥重量的 3% 左右，特殊情况下可减少或增大比例。

4.8.2 混合料应搅拌均匀，颜色一致，随拌随用。不掺速凝剂时，存放时间不应超过 2h；掺速凝剂时，存放时间不应超过 20min。

4.8.3　喷射时，喷头处的工作风压应保持在 0.10～0.12MPa，喷射流与受喷面应垂直，保持 0.6～1.0m 的距离。

4.8.4　喷射应分段自下而上进行，喷头应均匀缓慢移动。喷射混凝土厚度可在坑壁上打入垂直短钢筋作为厚度标志，一次喷射厚度宜取 30～80mm。喷射混凝土厚度允许偏差为±10mm。

4.8.5　喷射混凝土接槎应斜交搭接，搭接长度一般为喷射厚度的 2 倍以上。

4.8.6　局部小塌方或低凹部位，应先用砖砌体补齐补平，或增加短锚杆及铺钢筋网，再喷射混凝土。

4.8.7　松散土层应分两次喷射混凝土，先喷射 30mm 厚，待钢筋网铺设完后，再喷射其余混凝土。分层喷射混凝土时，应待前一层混凝土终凝后，再喷射后一层混凝土。

4.8.8　冬期施工时，一般应保持喷射作业区温度不低于 5℃，混合料进入喷射机的温度不应低于 5℃，采取混凝土表面覆盖保温材料的措施，使混凝土在达到规定的临界强度前不受冻。

4.9　养护

喷射混凝土终凝后 2h，喷水或覆盖塑料薄膜养护。气温低于 5℃时，不得喷水养护。

5　质量标准

5.0.1　主控项目

1　土钉长度不小于设计值。

2　土钉抗拔承载力不小于设计值。

3　分层开挖厚度允许偏差：±200mm。

5.0.2　一般项目

1　土钉位置（mm）：±100。

2　土钉直径不小于设计值。

3　土钉孔倾斜度（°）：≤3。

4　水胶比符合设计要求。

5　注浆量不小于设计值。

6 注浆压力符合设计要求。

7 浆体强度不小于设计值。

8 钢筋网间距（mm）：±30。

9 土钉墙面厚度（mm）：±10。

10 面层混凝土强度不小于设计值。

6 成品保护

6.0.1 钢筋下料后应分类整齐堆放，避免碰撞、压扭弯曲。

6.0.2 挖土时，避免挖斗拉挂土钉、锚管或钢筋网而造成塌方。

6.0.3 土钉成孔范围内有地下管线等设施时，应在查明其位置并避开后，再进行成孔作业。

7 注意事项

7.1 应注意的质量问题

7.1.1 湿陷性黄土层中钢筋土钉应采用干作业成孔，水泥浆水灰比不宜大于 0.50，水泥砂浆水灰比不宜大于 0.45。

7.1.2 按设计进行土钉端头的锚固。

7.2 应注意的安全问题

7.2.1 严格按设计要求跳孔分批进行土钉作业，及时注浆。严禁成排集中注浆。

7.2.2 上层土钉墙完成后，应按设计要求或间隔不小于 48h 后开挖下层土方。

7.3 应注意的绿色施工问题

7.3.1 土钉墙施工中应加强环境和水土保护方面的工作，在施工前应做详细调查，确定合理的施工方案，制定切实可行的环保措施；土钉墙施工要提前做好降排水，在水位下降过程不能过急，避免影响周围建筑物发生沉降危害。

7.3.2 在喷射作业时发生风、水、输料管路堵塞或爆裂时，必须依次停风、水、料的输送，防止对周边环境造成污染；施工作业人员要戴好口罩、防护镜等加强自身劳动保护。

8 质量记录

8.0.1 原材料出厂合格证明文件、进场验收记录、试验报告。

8.0.2　土钉成孔施工记录。

8.0.3　土钉安装记录。

8.0.4　钢筋隐蔽工程检查验收记录。

8.0.5　土钉注浆及护坡混凝土施工记录。

8.0.6　注浆浆体试块报告和喷射混凝土试块报告。

8.0.7　土钉拉拔试验报告和锚固力试验报告。

8.0.8　基坑支护变形监控记录。

8.0.9　土钉墙支护工程检验批质量验收记录。

8.0.10　土钉墙分项工程质量验收记录。

第 14 章　地下连续墙施工

本工艺标准适用于工业与民用建（构）筑物、市政基础设施的地下连续墙施工。

1　引用标准

《建筑基坑工程监测技术规范》GB 50497—2009

《建筑地基基础工程施工规范》GB 51004—2015

《建筑地基基础工程施工质量验收规范》GB 50202—2018

《混凝土结构工程施工质量验收规范》GB 50204—2015

《钢筋焊接及验收规程》JGJ 18—2012

《建筑基坑支护技术规程》JGJ 120—2012

《山西省建筑基坑工程技术规范》DBJ04/T 306—2014

2　术语

2.0.1　地下连续墙：利用各种挖槽机械，借助于泥浆的护壁作用，在地下挖出窄而深的沟槽，并在其内浇注适当的材料而形成一道具有防渗（水）、挡土和承重功能的连续的地下墙体。

2.0.2　导墙：导墙也叫槽口板，是地下连续墙槽段开挖前沿墙两侧构筑的临时性挡墙结构。

2.0.3　泥浆：泥浆是地下连续墙施工中成槽槽壁稳定的关键。在地下连续墙挖槽时，泥浆起到护壁、携渣、冷却机具和切土滑润作用。

3　施工准备

3.1　作业条件

3.1.1　施工前应具备工程地质勘察报告，查明地质、土质以及水文情况，为选择挖槽机具、泥浆循环工艺、槽段长度等提供可靠的技术数据，摸清工程范围内的地下障碍物情况及周边环境状况。

3.1.2 根据设计图纸和地质勘察报告，编制施工组织设计或施工方案，确定各项技术质量安全措施。

3.1.3 按照施工方案的要求平整场地，拆迁施工区域内的障碍物，做好通讯、电力以及上、下水管道和道路的设施，保证施工机械正常运行。

3.1.4 按照施工方案做好平面布置，组织落实施工机具设备、材料、劳动力的进场计划，进行培训教育。

3.1.5 按平面图及工艺要求，设置导墙、安装挖槽、泥浆制备及钢筋加工等；施工场地应设置集水井或排水沟，防止地表水流入泥浆池内。

3.1.6 施工前应通过成槽试验，确定合适的护壁泥浆配比、成槽机的型号、施工工艺、槽壁稳定等技术参数，并复核地质资料。

3.2 材料及机具

3.2.1 材料要求

1 商品混凝土：混凝土强度等级、坍落度等应符合设计要求。

2 钢筋：按设计要求选用，品种、规格应符合要求，有出厂合格证书和复试报告。

3 膨润土：应进行矿物成分和化学成分的检验。有未处理膨润土、钻井级膨润土和 OCMA 级膨润土三种。一般连续墙可采用未处理膨润土；地质条件复杂时宜用钻井级膨润土或 OCMA 级膨润土。膨润土的技术指标应符合《钻井液材料规范》GB/T 5005—2010 的规定。

4 黏土：应进行物理、化学分析和矿物质鉴定，其黏粒含量应大于 45%，塑性指数大于 20，含砂量小于 5%，二氧化硅与三氧化铝含量的比值宜为 3～4。掺和物有分散剂纯碱增粘剂（CMC）等，其配方需经试验确定。

5 水：饮用水或符合《混凝土用水标准》JGJ 63—2006。

3.2.2 主要机具

1 成槽设备：多头回转或抓斗式成槽机、冲击钻、砂泵或空气吸泥机（包括空压机）、轨道转盘等。

2 混凝土设备：混凝土搅拌机、储料斗、电动葫芦、吊车或卷扬机、金属导管和运输设备等。

3 制浆设备：泥浆搅拌机、泥浆泵、泥浆净化器、空压机、水泵、CMC

（增粘剂）软轴搅拌器、旋流器、惯性振动筛、泥浆密度秤、漏斗黏度计、秒表、量筒与量杯、失水量仪、静切力计、含沙量测定器和 pH 试纸等。

4 接头设备：金属接头管、顶升架（包括机架、大行程千斤顶和油泵）或振动拔管机等。

5 其他机具：履带式或轮胎式起重、钢筋切断机、对焊机、弯曲机、电焊机、铁锹、手推车、模板、脚手架、电钻、扳手等。

4 操作工艺

4.1 工艺流程

测量放线 → 导墙设置 → 泥浆的配置和使用 → 开挖槽段 → 槽壁检测 → 清槽 → 吊放接头管 → 钢筋笼制作及吊放 → 沉渣检测 → 浇筑水下混凝土 → 接头施工

4.2 测量放线

根据设计图纸提供的坐标计算出地下连续墙中心线角点坐标，用全站仪实地放出地下连续墙角点，并做好护桩。

4.3 导墙设置

4.3.1 在槽段开挖前，沿连续墙纵向轴线方向两侧构筑导墙，作为挖槽机的导向，贮存泥浆，并防止地表土坍塌。

4.3.2 导墙深度一般为 1～2m，其顶面略高于地面 50～100mm，以防止地表水流入导沟。导墙的厚度一般为 100～200mm，内墙面应垂直，内壁净距应为连续墙设计厚度加施工余量（一般为 40～60mm）。墙面与纵轴线距离的允许偏差为±10mm，内外导墙间距允许偏差±5mm，导墙顶面应保持水平。

4.3.3 导墙宜筑于密实的地层上，一般采用混凝土和钢筋混凝土浇筑，外墙面宜以土壁代模，避免用回填土。如需用回填土，应用黏性土分层夯实，以防漏浆。每个槽段内的导墙应设一个溢浆孔。

4.3.4 导墙顶面应高出地下水位 1m 以上，以保证槽内泥浆液面高于地下水位 0.5m 以上，且不低于导墙顶面 0.3m。

4.3.5 导墙混凝土强度应达 70% 以上方可拆模。拆模后，应立即在两片导墙间加木支撑，直至槽段开挖时拆除。在导墙混凝土养护期间，严禁重型机械通过停置或作业，以防导墙开裂或变形。

4.4　泥浆的配制和使用

4.4.1　施工前应对造浆黏土进行认真选择，并进行造浆率和造浆性能试验。

4.4.2　泥浆的性能和技术指标，应根据成槽方法、地质情况、用途而定，一般可按表 14-1 采用。

泥浆的性能和技术指标　　　　　　　　　　表 14-1

序号	项目			性能指标	检验方法
1	新拌制泥浆	比重		1.03～1.10	比重计
		黏度 (Pa·s)	黏性土	20～25	黏度计
			砂土	25～35	
2	循环泥浆	比重		1.05～1.25	比重计
		黏度 (Pa·s)	黏性土	20～30	黏度计
			砂土	30～10	
3	清槽后的泥浆	比重	黏性土	1.10～1.15	比重计
			砂土	1.10～1.20	
		黏度（Pa·s）		20～30	黏度计
		含砂率		≤7%	洗砂瓶

4.4.3　在施工过程中，应经常检查和控制泥浆的性能，随时调整泥浆配合比，使其适应不同地层的钻进要求，并做好以下泥浆质量检测记录：

1　新浆拌制后静止 24h，测一次全项目（含砂量除外）。

2　在成槽过程中，每进尺 3～5m 或每 4h 测定一次泥浆密度和黏度。在清槽结束前测一次密度和黏度；浇灌混凝土前测一次密度。两次取样位置均应在槽底以上 200mm 处。

3　失水量和 pH 值应在每槽孔的中部和底部各测一次。

4　含砂量可根据实际情况测定。

5　稳定性和胶体率一般在循环泥浆中不测定。

6　如地下水含盐或泥浆受到污染，应采取措施保证泥浆质量。

4.4.4　泥浆必须经过充分搅拌，常采用低速卧式搅拌机搅拌、螺旋桨式搅拌机搅拌、压缩空气搅拌和离心泵重复循环等方法。泥浆搅拌后，应在贮浆池内静置 24h 以上或加分散剂，使膨润土和黏土充分水化后方可使用。

4.4.5　泥浆应进行净化回收重复使用，一般采用重力沉降法，利用泥浆和土渣的密度差，使土渣沉淀，沉淀后的泥浆进入贮浆池．尽量采用泥浆净化器，用机械方法净化泥浆回收利用，提高效率。如用原土造浆循环，应将高压水通过导管从钻头孔射出，不得将水直接注入槽孔中。

4.4.6 在容易产生泥浆渗漏的土层施工时，宜适当提高泥浆黏度和增加储备量，并备堵漏材料。如发生泥浆渗漏，应及时补浆或堵漏，使槽内泥浆保持正常。

4.5 槽段开挖

4.5.1 挖槽前应预先将连续墙划分若干个单元槽段，其长度一般为 3～7m，每个单元槽段由若干个开挖槽段组成。在导墙的顶面画好槽段的控制标记，如有封闭槽段，必须采用两段式成槽，以免导致最后一个槽段无法钻进。单元槽段的划分应考虑现场水文地质条件、混凝土的施工能力、钢筋的重量、吊运方法、工程结构要求及尽量减少接头数量和简化施工条件等因素。

4.5.2 应根据施工组织设计确定挖槽机械、切实可行的挖槽方法和施工顺序。对钻机进行全面检查，各部位是否连接可靠，特别是钻头螺栓不得有松动现象，以防金属物件掉入槽孔内，影响切削进行或打坏钻头。

4.5.3 钻机就位后机架应平稳，必要时以千斤顶找平、经纬仪找正，使悬挂中心点和槽段中心一致。钻机调好后应用夹轨器固定牢靠。

4.5.4 挖槽过程中，应保持槽内始终充满泥浆，泥浆的使用应根据挖槽方式的不同而定。软土地基宜选用抓斗式挖槽机械，采用泥浆静置方式，随着挖槽深度的增大，不断向槽内补充新鲜泥浆；硬土地基宜选用回转式或冲击式挖槽机械。使用钻头或切削刀具挖槽时，应采用泥浆循环方式，用泵把泥浆通过管道压送到槽底，土渣随泥浆上浮至槽顶面排出（称为正循环）；或泥浆自然流入槽内，土渣被泵管抽吸到地面上（称为反循环）。当采用砂泵排渣时，一般采用泵举式反循环方式，开始先用正循环钻进，待潜水泵电机潜入泥浆中后，再改用反循环排渣。

4.5.5 当遇到坚硬地层或局部岩层时，可采用冲击钻将其破碎，用空气吸泥机或砂泵将土渣吸出地面。

4.5.6 成槽时应随时掌握槽孔的垂直度，利用钻机的测斜装置观测偏斜情况，并利用纠偏装置来调整下钻偏斜。

4.5.7 如槽壁发生较为严重的局部塌落，应及时回填并妥善处理。槽段开挖结束后，应检查槽深、槽位、槽宽及槽壁垂直度是否符合设计要求，合格后方可清槽换浆。

4.6　清槽

4.6.1　当挖槽达到设计深度后，应停止钻进，仅使钻头空转，将槽底残留的土打成小颗粒，然后开启砂泵，利用反循环抽浆，持续吸渣 10～15min，将槽底钻渣清除干净。也可用空气吸泥机进行清槽。

4.6.2　当采用正循环清槽时，将钻头提高槽底 100～200mm，空转并保持泥浆正常循环，以中速压入泥浆，把槽孔内的浮渣置换出来。

4.6.3　对采用原土造浆的槽孔成槽后可使钻头空转不进尺，同时射水，待排出泥浆密度降到 1.1 左右，即认为清槽合格。但当清槽后至浇灌混凝土间隔时间较长时，为防止泥浆沉淀和保证槽壁稳定，应用符合要求的新泥浆将槽孔的泥浆全部置换出来。

4.6.4　清理槽底和置换泥浆结束 1h 后，槽底沉渣厚度不得大于 200mm；浇混凝土前槽底沉渣厚度不得大于 200mm（承重墙不大于 100mm），槽内泥浆密度为 1.1～1.25、黏度为 20～30Pa·s、含砂量应小于 8%。

4.7　钢筋笼制作及安放

4.7.1　钢筋笼的规格尺寸应考虑结构要求、单元槽段、接头形式、加工场地、起吊能力等因素，按连续墙配筋设计图分节制作。为保证钢筋笼在安装过程中具有足够的刚度，还应考虑增设斜拉补强钢筋，使纵向钢筋形成骨架，并加适当起吊附加钢筋。斜拉筋与附加钢筋必须与设计主筋焊牢。钢筋笼的质量检验标准应符合表 14-2 的规定。

钢筋笼的质量检验标准（mm）　　　　　　　　　　　　　　表 14-2

项目	序号	检验项目		允许偏差或允许值
主控项目	1	主筋间距		±10
	2	钢筋笼长度		±100
	3	钢筋笼宽度		0，−20
	4	钢筋笼安装标高	临时结构	±20
			永久结构	±15
一般项目	1	分布筋间距		±20
	2	预埋件及槽底注浆管中心位置	临时结构	≤10
			永久结构	≤5
	3	预埋钢筋和接驳器中心位置	临时结构	≤10
			永久结构	≤5

4.7.2 钢筋笼的主筋保护层，临时性结构不小于 50mm，永久性结构不小于 70mm。为防止在吊放钢筋笼时擦伤槽面，并确保钢筋保护层厚度，应在钢筋笼上设置定位钢筋环。纵向钢筋底端应距槽底 100～200mm，当采用接头管时，水平钢筋的端部至接头管或混凝土接头面应留有 100～500mm 间隙。纵向钢筋底端宜稍向内弯折，钢筋笼的内空尺寸应比导管连接处的外径大 100mm 以上。

4.7.3 为保证钢筋笼的几何尺寸和相对位置准确，钢筋笼应在制作平台上成型。钢筋笼每棱边（横向及纵向）钢筋的交点处应全部点焊，其余交点处采用交错点焊。成型时临时绑扎的铁丝，应将线头弯向钢筋笼的内侧。钢筋笼的接头采用搭接时，为使接头能够承受吊入时的下部钢筋笼自重，接头应焊牢。

4.7.4 每节钢筋笼的主筋连接，可采用电焊接头，压接接头或套筒接头。钢筋的净距应大于 3 倍粗骨料粒径，并预留插放混凝土导管的位置。

4.7.5 钢筋笼的吊放应使用起吊架，采用双索或四索双机抬吊，以防起吊时因钢索的收紧力而引起钢筋笼变形；同时，应注意在起吊时不得拖拉钢筋笼，以免造成弯曲变形。为避免钢筋笼吊起后在空中摆动，应在钢筋笼下端系上溜绳，用人力加以控制。

4.7.6 钢筋笼需要分段吊入接长时，不得使钢筋笼变形；下段钢筋笼入槽后，临时穿钢管搁置在导墙上，再接长上段钢筋笼。钢筋笼吊入槽内时，吊点中心必须对准槽段中心，竖直缓慢放至设计标高，再用吊筋穿管搁置在导墙上。如钢筋笼不能顺利地插入槽内，应吊出并查明原因，采取措施加以解决，不得强行插入。

4.7.7 为防止浇筑混凝土时钢筋笼上浮，应在导墙上预埋钢板与钢筋笼焊接固定，所有用于内部结构连接的预埋件、预埋钢筋等，应与钢筋笼焊接牢固。

4.8 水下浇筑混凝土

4.8.1 混凝土配合比应符合下列要求：混凝土的实际配置强度等级应比设计强度等级高一级；水泥用量不宜少于 $370kg/m^3$，水灰比不应大于 0.6；坍落度宜为 180～220mm，并应有一定的流动保持率；坍落度降低至 150mm 的时间，一般不宜小于 1h；扩散度宜为 340～380mm；混凝土拌合物含砂率不小于 45%；混凝土的初凝时间，应能满足混凝土浇灌和接头施工工艺要求，一般不宜低于 3～4h。

4.8.2 接头管和钢筋就位后，应检查沉渣厚度并在 4h 以内浇灌混凝土。浇灌混凝土必须使用导管，其内径一般选用 250mm，每节长度一般为 2.0～2.5m。

导管要求连接牢靠，接头用橡胶圈密封，防止漏水。导管接头若用法兰连接，应设锥形法兰罩，以防拔管时挂住钢筋。导管在使用前要注意认真检查和清理，使用后要立即将粘附在导管上的混凝土清除干净。

4.8.3　在单元槽段较长时，应使用多根导管浇灌，导管内径与导管间距的关系一般是：导管内径为 150mm、200mm、250mm 时，其间距分别为 2m、3m、4m，且距槽段端部均不得超过 1.5m。为防止泥浆卷入导管内，导管在混凝土内必须保持适宜的埋置深度，一般应控制在 2～4m 为宜。在任何情况下，不得小于 1.5m 或大于 6m。

4.8.4　导管下口与槽底的间距，以能放出隔水栓和混凝土为度，一般比隔水栓长 100～200mm。隔水栓应放在泥浆液面上，为防止粗骨料卡住隔水栓，在浇筑混凝土前宜先灌入适量的水泥砂浆。隔水栓用铁丝吊住，待导管上口贮斗内混凝土的存量满足首次浇筑，导管底端能埋入混凝土中 0.8～1.2m 时，才能剪断铁丝，继续浇筑。

4.8.5　混凝土浇灌应连续进行，槽内混凝土面上升速度一般不宜小于 2m/h，中途不得间歇。当混凝土不能畅通时，应将导管上下提动，慢提快放，但不宜超过 300mm。导管不能作横向移动，提升导管应避免碰挂钢筋笼。

4.8.6　随着混凝土的上升，要适时提升和拆卸导管，导管底端埋入混凝土以下一般保持 2～4m，严禁把导管底端提出混凝土面。

4.8.7　在一个槽段内同时使用两根导管灌注混凝土时，其间距不宜大于 3.0m，导管距槽段端头不宜大于 1.5m，混凝土应均匀上升，各导管处的混凝土表面的高差不宜大于 0.3m，混凝土浇筑完毕，混凝土面应高于设计要求 0.3～0.5m，此部分浮浆层以后凿去。

4.8.8　在浇灌过程中应随时掌握混凝土浇灌量，应有专人每 30min 测量一次导管埋深和管外混凝土标高。测定应取三个以上测点，用平均值确定混凝土上升状况，以决定导管的提拔长度。

4.9　接头施工

4.9.1　连续墙各单元槽段间的接头形式，一般常用的为半圆形接头。方法是在未开挖一侧的槽段端部先放置接头管，后放入钢筋笼，浇灌混凝土，根据混凝土的凝结硬化速度，徐徐将接头管拔出，最后在浇灌段的端面形成半圆形的接合面，在浇筑下段混凝土前，应用特制的钢丝刷子沿接头处上下往复移动数次，刷去接头处的残留泥浆，以利新旧混凝土的结合。

4.9.2 接头管一般用10mm厚钢板卷成。槽孔较深时，做成分节拼装式组合管，各单节长度为6m、4m、2m不等，便于根据槽深接成合适的长度。外径比槽孔宽度小10～20mm，直径误差在3mm以内。接头管表面要求平整、光滑，连接紧密、可靠，一般采用承插式销接。各单节组装好后，要求上下垂直。

4.9.3 接头管一般用起重机组装、吊放。吊放时要紧贴单元槽段的端部和对准槽段中心，保持接头管垂直并缓慢地插入槽内。下端放至槽底，上端固定在导墙或顶升架上。

4.9.4 提拔接头管宜使用顶升架（或较大吨位吊车），顶升架上安装有大行程（1～2m）、起重量较大（50～100t）的液压千斤顶两台，配有专用高压油泵。

4.9.5 提拔接头管必须掌握好混凝土的浇灌时间、浇灌高度，混凝土的凝固硬化速度，不失时机地提动和拔出，不能过早、过快和过迟、过缓。如过早、过快，则会造成混凝土壁塌落；过迟、过缓，则由于混凝土强度增长，摩阻力增大，造成提拔不动和埋管事故。一般宜在混凝土开始浇灌后2～3h即开始提动接头管，然后使管子回落。以后每隔15～20min提动一次，每次提起100～200mm，使管子在自重下回落，说明混凝土尚处于塑性状态。如管子不回落，管内又没有涌浆等异常现象，宜每隔20～30min拔出0.5～1.0m，如此重复。在混凝土浇灌结束后5～8h内将接头管全部拔出。

5 质量标准

5.0.1 主控项目

地下连续墙主控项目的检验标准应符合表14-3的规定。

地下连续墙主控项目的检验标准 表14-3

项目		允许偏差或允许值
墙体强度		不小于设计值
槽壁垂直度	永久结构	1/300
	临时结构	1/200
槽段深度		不小于设计值

5.0.2 一般项目

地下连续墙一般项目的检验标准应符合表14-4。

地下连续墙一般项目的检验标准　　　　表 14-4

项目		指标或允许偏差
导墙尺寸	宽度（设计墙厚＋40mm）（mm）	±10
	导墙顶面平整度（mm）	±5
	导墙平面定位（mm）	≤10
	垂直度	≤1/500
	导墙顶标高	±20
沉渣厚度	永久结构（mm）	≤100
	临时结构（mm）	≤150
槽段宽度	永久结构	不小于设计值
	临时结构	不小于设计值
槽段位	永久结构（mm）	≤30
	临时结构（mm）	≤50
混凝土坍落度（mm）		180～220
地下连续墙表面平整度	永久结构（mm）	±100
	临时结构（mm）	±150
永久结构的渗漏水		无渗漏、线流，且≤0.1L/（m² · d）

6　成品保护

6.0.1　钢筋笼制作和吊放过程中，应采取技术措施防止变形。吊放入槽时，不得擦伤槽壁。

6.0.2　挖槽完毕应尽快清槽、换浆、下钢筋笼，并在 4h 之内灌注混凝土。在灌注过程中，应固定钢筋笼和导管位置，并采取措施防止泥浆污染。

6.0.3　注意保护外露的主筋和预埋件不受损坏。

6.0.4　施工过程中，应注意保护现场的轴线桩和水准基点桩，不变形、位移。

7　注意事项

7.1　应注意的质量问题

7.1.1　地下连续墙施工，应制定出切实可行的挖槽工艺方法、施工程序和操作规程，并严格执行。挖槽时应加强检测，确保槽位、槽深、槽宽和垂直度等要求。遇有槽壁坍塌事故，应及时分析原因，妥善处理。

7.1.2　钢筋笼加工尺寸，应考虑结构要求、单元槽段、接头形式、长度、加工场地、起重机起吊能力等情况，采取整体制作或整体式分节制作，同时应具有必要的刚度，以保证在吊放时不致变形或散架，一般应加设斜撑和横撑补强。钢筋笼的吊点位置、起吊方式和固定方法应符合设计和施工要求。在吊放钢筋笼时，应对准槽段中心并注意不要碰伤槽壁壁面，不能强行插入钢筋笼，以免造成槽壁坍塌。

7.1.3 施工过程中，应注意保证护壁泥浆的质量，彻底进行清底换浆，严格按规定灌注水下混凝土，以确保墙体混凝土的质量。

7.1.4 槽底沉渣过厚：护壁泥浆不合格或清底换浆不彻底，均可导致大量沉渣积聚于槽底。灌注水下混凝土前，应测定沉渣厚度，符合设计要求后，才能灌注水下混凝土。

7.1.5 槽孔偏斜：当出现槽孔偏斜时，应查明钻孔偏斜的位置和程度，对偏斜不大的槽孔，一般可在偏斜处吊住钻机，上下往复扫钻，使钻孔正直；对偏斜严重的钻孔，应回填砂与黏土混合物到偏孔处 1m 以上，待沉积密实后再重复施钻。

7.2 应注意的安全问题

7.2.1 做好施工准备，查清地质和地下埋设物做好施工准备，查清地质和地下埋设物情况，清除 3.0m 以内的地下障碍物、电缆、管线等，保证安全操作。

7.2.2 各种成槽和施工机械设备性能良好，安全保护装置完善，施工操作人员应培训上岗，技术熟练并能严格执行各专业设备的使用规定和操作规程，专人专机，发现故障和异常现象应及时排除。

7.2.3 水下用电设备应有安全保险装置，严防漏电。电缆收放应与钻进同步进行，防止拉断电缆造成事故。应控制钻进速度和电流大小，严禁超负荷钻进。

7.2.4 挖槽施工中应严格控制泥浆的密度和质量，防止由于漏浆、泥浆液面下降、地下水位上升过快、地面水流入槽内等原因，使槽壁坍塌。

7.2.5 钻机成孔时，如遇塌方或孤石卡住，应边缓慢旋转边提钻，不可强制拔出，以免损坏钻机和机架，造成安全事故。

7.2.6 钢筋笼吊放时应加固，并使用铁扁担均匀起吊、缓慢下放，使其在空中不晃动，避免钢筋笼变形、脱落。

7.2.7 钢筋笼吊放安装时，吊装司机必须听从现场专职人员指挥，吊运钢筋笼时吊臂下方严禁有人停留、工作或通过。

7.2.8 槽孔挖好后，应立即下钢筋笼和灌筑混凝土，如有间歇，槽孔应用盖板覆盖防护。

7.3　应注意的绿色施工问题

7.3.1 合理布置施工现场，施工材料、机械设备及加工区摆放整齐。

7.3.2 施工废水、生活污水必须经过沉淀，符合要求后才可排入市政管网。施工泥浆应及时用专用泥浆车运出场地。

7.3.3 土方装载运输应覆盖封闭，以防沿途遗撒、扬尘。

7.3.4 施工产生的废浆、废渣要及时清理并用专车外运至指定地点。

7.3.5 固体废弃物应按不同性质及有害、无害分类存放，并统一处理。

7.3.6 夜间施工，防止照明光源对周围居住人群的影响。

8　质量记录

8.0.1 测量放线记录。

8.0.2 原材料合格证、出厂检验报告和进场复验报告。

8.0.3 钢筋接头力学性能试验报告。

8.0.4 钢筋加工检验批质量验收记录。

8.0.5 钢筋笼工程检验批质量验收记录。

8.0.6 钢筋隐蔽工程检查验收记录。

8.0.7 地下连续墙施工记录、地下连续墙工程检验批质量验收记录。

8.0.8 验槽记录。

8.0.9 商品混凝土出厂合格证、坍落度检查记录。

8.0.10 混凝土试件强度检验报告、抗渗试验报告。

8.0.11 混凝土施工检验批质量验收记录。

8.0.12 隐蔽工程检查验收记录。

第 15 章　混凝土内支撑施工

本工艺标准适用于工业与民用建（构）筑物、市政设施深基坑（槽）支护结构混凝土内支撑的施工。

1　引用标准

《建筑地基基础工程施工规范》GB 51004—2015

《混凝土结构工程施工规范》GB 50666—2011

《钢结构焊接规范》GB 50661—2011

《建筑基坑工程监测技术规范》GB 50497—2009

《地基与基础工程施工质量验收规范》GB 50202—2018

《混凝土结构工程施工质量验收规范》GB 50204—2015

《钢结构工程施工质量验收规范》GB 50205—2001

《建筑基坑支护技术规程》JGJ 120—2012

《钢筋焊接及验收规程》JGJ 18—2012

《山西省建筑基坑工程技术规范》DBJ04/T 306—2014

2　术语（略）

3　施工准备

3.1　作业条件

3.1.1　具有岩土工程勘察报告、地下管线及周边环境情况资料、基坑支护设计。

3.1.2　基坑支护围护结构已施工，具备承载能力。

3.1.3　施工方案已编审。

3.2　材料及机具

3.2.1　商品混凝土强度等级、工作性能符合支护设计和施工方案要求。

3.2.2 钢筋：种类、规格尺寸符合支护设计要求，有产品合格证和复试报告。

3.2.3 主要施工机具及设备有：挖掘机，运土车辆，空压机，风管，起重机，手推斗车，钢筋弯曲机，钢筋切断机，电焊机，混凝土振动棒、内支撑拆除工具等。

3.2.4 模板支架用材料、构配件的种类、规格尺寸、外观质量以及质量证明文件、复试报告等符合相关规范规定和设计文件。

4 操作工艺

4.1 工艺流程

4.1.1 单层支撑施工工艺流程

测量放线 → 支撑立柱施工 → 土方开挖至支撑（冠）梁底的垫层底面 →

支撑立柱清理 → 支撑梁垫层施工 → 支撑（冠）梁钢筋、模板、混凝土 →

检查验收 → 分层开挖至设计标高 → 地下结构施工至换撑标高 →

外围回填、浇混凝土换撑 → 内支撑拆除、清理

4.1.2 多道支撑施工工艺流程

第一道钢筋混凝土支撑施工：开挖至第一道（冠）梁垫层底 →

凿开支护桩及支撑立柱桩头并清理 → 支撑梁垫层施工 →

支撑（冠）梁钢筋、模板 → 浇筑混凝土 → 养护、拆模、清理 →

以下各道支撑施工 → 开挖至设计标高 → 地下结构施工至换撑标高 →

外围回填换撑 → 内支撑拆除、清理

4.2 测量放线

边梁上预埋钢筋头，以便其他工序施工时再进行梁的变形测量。土方开挖期间每日测量一次，遇异常变形加密测量。

4.3 支撑立柱施工

4.3.1 对于平面尺寸较大的基坑，在支撑交叉点设置立柱，在垂直方向支顶平面支撑构件。立柱可以是四个角钢组成的格构式钢柱、圆钢管或型钢柱、混凝土灌注桩。

4.3.2 钢立柱下端插入混凝土灌注桩内，插入深度不宜小于2m。格构式钢柱的平面尺寸，要与灌注桩的直径相匹配。

4.3.3 立柱穿过主体结构底板以及支撑结构穿越主体结构地下室外墙的部位，应采取止水构造措施。

4.3.4 支护桩施工时，应考虑支撑点的位置，当支撑点设在支护桩顶时，桩顶必须预留冠梁的锚固钢筋；支撑点设在支护桩身上，一般应预埋钢筋，在挖土暴露后，剔凿清理干净该标高处混凝土，将预埋钢筋拉出并伸直，锚入水平支撑腰梁内。

4.4 土方开挖

4.4.1 在先施工的支撑范围内的土方先进行开挖，由远至近的进行。

4.4.2 分层挖土深度应符合内支撑设计工况要求，每一层土方开挖都要待支撑混凝土强度满足设计要求时，才能往下继续开挖。

4.4.3 支撑梁底挖空前，运土车辆需要在支撑梁上通过时，应先用土将支撑梁覆盖形成过道，覆盖土厚度不小于500mm，以保护支撑梁免受车辆压坏，但应尽量避开。随着挖土深度加深，内支撑梁支撑点凿毛也应同时进行。

4.4.4 有多道钢筋混凝土支撑时，应按支撑的道数分层开挖，按照第一层土方→支撑→第二层土方→支撑→底层土方进行。

每一层土方开挖深度必须按照设计的深度逐层进行，控制在支撑梁底下面的垫层底，不得超深。

4.4.5 对于多层支撑的深基坑，如要挖掘机站在支撑上进行挖土时，则设计支撑时要考虑这部分荷载。施工时要设计专用行走道路，不得直接压在支撑构件上，防止支撑构件位移变形。

4.5 支撑梁垫层施工

4.5.1 土方开挖至支撑梁垫层及冠梁底标高时，要进行测量放线，而且测量必须准确，保证支撑梁的位置准确，按中心受压构件要求控制纵向轴线的偏差。各梁中轴线弯曲矢高不超过20mm。

4.5.2 梁垫层施工，可根据地质情况，采用直接铺彩条布、铺油毡、铺模板或浇筑素混凝土垫层的方法。

4.5.3 当采用支撑底模，则可不设置支撑梁垫层。支撑底模地基应具有一定强度、刚度和稳定性。跨度较大时，按照设计和规范要求预起拱。

4.6　支撑（冠）梁施工

4.6.1　支撑梁和腰（冠）梁混凝土浇筑应同时进行，保证支撑体系的整体性。

4.6.2　支撑梁和腰梁的侧模利用对拉螺杆固定，支撑梁应按设计要求预起拱。

4.6.3　支撑（腰、冠）梁钢筋按受拉筋要求焊接，钢筋搭接及锚固长度必须满足钢筋混凝土施工规范抗拉钢筋要求。

4.6.4　混凝土浇筑、拆模和养护按照有关规范进行，保证混凝土后期强度顺利增长。

4.6.5　混凝土支撑应达到设计强度的 70% 后，方可进行下方土方的开挖。

4.7　支撑拆除

4.7.1　支撑拆除应在可靠换撑形成并达到设计要求后进行，先拆除水平构件，再拆除竖向构件。

4.7.2　钢筋混凝土支撑拆除可采用机械拆除或爆破拆除。

4.7.3　钢筋混凝土支撑的拆除，应根据支撑及施工特点、永久结构的施工顺序、现场平面布置等确定拆除顺序。

4.7.4　钢筋混凝土支撑采用爆破拆除的，爆破孔宜在钢筋混凝土支撑施工时预留，支撑关于围护结构或主体结构相连的区域宜先行切断。

5　质量标准

5.0.1　混凝土内支撑主控项目的检验标准应符合表 15-1 的规定。

混凝土内支撑主控项目的检验标准　　　　　　　　　　表 15-1

序号	项目		允许偏差
1	支撑位置	标高（mm）	30
		平面（mm）	30
2	混凝土强度		符合设计要求
3	临时立柱平面位置（mm）		50
4	临时支柱垂直度		1/150
5	受拉杆件长细比		≤200
6	钢支撑构件的长细比		≤150
7	预加顶力（kN）		±50

5.0.2 混凝土内支撑一般项目的检验标准应符合表 15-2 的规定。

混凝土内支撑一般项目的检验标准 表 15-2

序号	项目		允许偏差
1	围檩标高（mm）		±30
2	立柱位置	标高（mm）	±30
		平面（mm）	50
3	开挖超深（mm）		<200
4	支撑安装时间		符合设计要求

6 成品保护

6.0.1 支撑拆除时应设置安全、可靠的防护措施和作业空间，并应对永久结构采取保护措施。

6.0.2 挖机开挖土方时，严禁碰撞和扒挖围护桩体、混凝土冠梁、腰梁、支撑梁、支撑立柱等。

6.0.3 挖土前，应预先在支护结构上设置变形、位移的观测点，并做好原始数据的记录，随着施工的进展过程，定期、随时检查，及时发现问题并立即向有关部门汇报，采取相应的预防措施。

6.0.4 挖土时应根据基坑土质情况留有一定的安全坡度，防止塌方而造成事故。

6.0.5 为了保证施工人员在支撑梁上行走的安全，支撑梁两侧预埋用于焊接栏杆的铁埋件。

6.0.6 支撑梁拆除采用爆破方法，应注意保护地下室楼板的安全，如铺设砂包等。同时，防止爆破碎石飞溅伤人。

6.0.7 当要在支撑梁堆放材料时，应符合设计要求。

6.0.8 要注意土体及地下水的变化情况，遇有异常情况及时上报。

6.0.9 混凝土施工时应安排专人观察模板的变形，以防胀模、漏浆。

7 注意事项

7.1 应注意的质量问题

7.1.1 混凝土腰梁与围护结构应按设计要求进行可靠连接。

7.1.2 混凝土内支撑采用满堂红支撑架时，应按相关施工安全技术规范进行设计计算，编制安全施工专项方案。

7.2 应注意的安全问题

7.2.1 混凝土内支撑结构上除设计允许外，不得堆放任何荷载。

7.2.2 换撑施工应严格按设计规定进行。

7.2.3 采用爆破拆除时，应严格执行现行国家标准《爆破安全规程》GB 6722 的规定。

7.3 应注意的绿色施工问题

7.3.1 混凝土内支撑施工拆除时可能产生的粉尘、有毒有害气体、建筑垃圾、废水、噪声、振动等环境因素，应结合现场实际情况，制定相应措施。

8 质量记录

8.0.1 混凝土结构支撑系统质量检验批验收记录。

8.0.2 支撑系统设计计算书及施工图纸。

8.0.3 材料合格证或复试报告。

8.0.4 钢筋及混凝土结构支撑系统施工记录。

第16章 高压喷射扩大头锚索

本工艺标准适用于工业与民用建筑、市政基础设施采用高压喷射扩大头锚索的施工。扩大头不宜设在有机质土、淤泥和淤泥质土、未经压实或改良的填土中。

1 引用标准

《建筑地基基础工程施工规范》GB 51004—2015

《建筑基坑工程监测技术规范》GB 50497—2009

《建筑地基基础工程施工质量验收规范》GB 50202—2018

《高压喷射扩大头锚杆技术规程》JGJ/T 282—2012

《建筑基坑支护技术规程》JGJ 120—2012

《山西省建筑基坑工程技术规范》DBJ04/T 306—2014

2 术语

2.0.1 高压喷射扩大头锚索：采用液体对锚孔底部一段长度范围内的锚孔孔壁土体进行高压喷射切割置换实现扩孔，并灌注水泥浆或水泥砂浆，在锚杆底部形成具有较大直径和一定长度的圆柱形注浆体的锚索。

3 施工准备

3.1 作业条件

3.1.1 已编制施工组织设计或施工方案。

3.1.2 已平整场地，进行了工艺性试验，对工艺参数进行了验证确认。

3.1.3 基坑边坡土方开挖已到位，满足高压喷射扩大头锚索施工条件。

3.1.4 已进行测量定位。

3.2 材料及机具

3.2.1 预应力锚索：钢绞线、环氧涂层钢绞线、无粘结钢绞线。

3.2.2 水泥：普通硅酸盐水泥，强度等级不应低于 42.5 级。

3.2.3 砂：宜采用清洁、坚硬的中细砂，粒径不宜大于 2mm。

3.2.4 钻孔设备：锚杆钻机、钻杆。

3.2.5 锚杆加工设备：切割机。

3.2.6 砂浆拌和设备：搅拌池（桶）、储浆池（桶）、高压水泵、高压注浆泵。

3.2.7 张拉设备：油泵、千斤顶。

4　操作工艺

4.1　施工工艺流程

放线定孔位 → 钻机就位 → 校正孔位、调整角度 → 钻进成孔 → 高压扩孔 →

安放锚索 → 注浆 → 拔套管 → 装腰梁、锚头锚具 → 张拉锁定

4.2　放线定孔位

开挖后的基坑壁经过修整，按设计要求的标高和水平间距，用水准仪和钢尺定出孔位，做好标记。

4.3　钻机就位

将专用锚杆钻机，对准已放好的孔位，调整好角度，验收合格后准许开钻。

4.4　钻孔

4.4.1 锚索成孔施工时应采用套管钻进。

4.4.2 钻孔应符合下列规定：

1 锚杆钻孔的深度不应小于设计长度，也不宜大于设计长度 500mm。

2 水平方向、垂直方向孔距误差不大于 100mm。

3 钻孔角度偏差不应大于 2°。

4 锚孔的孔径不小于设计的孔径。

4.5　扩孔

4.5.1 高压旋转钻头（喷头）的高压水泥浆在高压泵的压力作用下，从底部钻头和侧翼喷嘴向外喷射，喷射过程中同步对周侧的土体或砂层进行切割；高压旋转钻头和侧翼喷嘴在动力推动下逐渐向前推进，直至达到设计深度和直径，获得形成的锚杆孔。

4.5.2 扩孔施工符合下列要求：

1 扩孔的高压喷射压力应大于 20MPa，可取 20～40MPa；喷嘴移动速度 10～20r/min。

2 高压喷射注浆的水泥宜采用强度等级不小于 42.5 级的普通硅酸盐水泥，水灰比宜为 0.5，水泥掺量宜取土的天然质量的 25%～40%。

3 连接高压注浆泵和钻机的输送高压喷射液体的高压管长度不宜大于 50m。

4 采用水泥浆液扩孔工艺，应至少上下往返扩孔两遍。

5 高压旋转钻头（喷头）应均匀旋转，均匀提升或下沉，由上而下或由下而上进行高压喷射扩孔，喷射管分段提升或下沉的搭接长度不得小于 100mm。

6 在高压喷射扩孔过程中出现压力骤然上升或下降时，应查明原因并及时采取措施。

7 施工中严格按照施工参数进行施工，如实做好各项记录。

4.6 锚索制作与安放

4.6.1 钢绞线严格按设计尺寸用切割机下料，每股长度误差不大于 50mm。钢绞线按一定规律平直排列，锚索每隔 1.0～1.5m 设置一个定位器。锚索自由段按设计要求（用塑料管包裹）进行处理，与锚固段相交处的塑料管管口用防水胶布封住。

4.6.2 注浆管应放置在定位器正中，与锚索体绑扎牢固。注浆管距孔底的距离不应大于 300mm。

4.6.3 组装好的锚索（包括注浆管）在扩孔结束后拔出钻杆立即放入套管及扩孔内，安放时，防止杆体锚索扭压、弯曲，并确保锚索处于钻孔中心位置，插入孔内深度不小于设计深度。

4.7 注浆

4.7.1 注浆时，将配制好的浆液用注浆泵通过胶管压入一次注浆管中，浆液从注浆管底端喷出，随着浆液的灌入，逐步上拔注浆管，上拔注浆管底端必须始终埋入浆液。当注浆到套管段时，应随注浆随拔套管，当孔口溢出浆液与注入浆液的颜色和浓度一致时，方可停止注浆。

4.7.2 注浆注意事项

1 灌注的水泥浆要取样做室内抗压试验，以复核其强度指标。

2 浆液应随搅随用，并在初凝前用完。注浆作业开始时，先用稀水泥浆循环注浆系统 1~2min，确保注浆时浆液畅通。

3 对于一次注浆，当浆液硬化后，若发现浆液没有充满钻孔时补浆。

4 同一批锚孔注浆结束后，要清洗注浆管道循环系统。

4.8 张拉与锁定

锚索的张拉与施加预应力（锁定）应符合以下规定：

1 预应力锚索张拉前，对张拉设备进行标定。

2 预应力锚索张拉应在同批次锚索验收合格后且承载构件注浆体强度满足设计要求后进行，张拉应按相关规范分级张拉。

3 锁定 48h 内，应力损失超过 10％时应进行补偿张拉。

4 锚索张拉顺序采用隔一拉一。

5 锚索正式张拉前，取 20％的设计张拉荷载，对其预张拉 1~2 次，使其与锚具接触紧密，钢绞线完全平直。

5 质量标准

5.0.1 主控项目

材料进场前，严格检查锚索材质，测其抗拉强度；对砂、水泥等材料进行检查，并做出记录。

锚索支护主控项目质量标准应符合表 16-1。

锚索支护主控项目质量标准　　　　　　　　　　　表 16-1

项目	序号	检查项目	允许偏差或允许值	检查方法
主控项目	1	锚杆杆体索插入长度（mm）	+100−30	用钢尺量
	2	锚索拉力特征值（kN）	设计要求	现场抗拔试验
	3	扩孔压力（MPa）	±10％	钻机自动监测记录或现场监测
	4	喷嘴给进和提升速度（cm/min）	±10％	钻机自动监测记录或现场监测
	5	扩大头长度（mm）	±100	钻机自动监测记录或现场监测
	6	扩大头直径（mm）	≥1.0 倍设计直径	钻机自动监测记录

5.0.2 锚索支护一般项目质量标准应符合表 16-2 要求。

锚索支护一般项目质量标准　　　　　　　　　　　表 16-2

项目	序号	检查项目	允许偏差或允许值	检查方法
一般项目	1	锚索位置（mm）	100	用钢尺量
	2	转孔倾斜度（°）	±2	测斜仪等

续表

项目	序号	检查项目	允许偏差或允许值	检查方法
一般项目	3	浆体强度（MPa）	设计要求	试样送检
	4	注浆量（L）	大于理论计算浆量	检查计量数据
	5	锚索总长度（m）	不小于设计长度	用钢尺量

6 成品保护

6.0.1 锚索安装后，不得随意敲击，不得悬挂重物。

6.0.2 土方开挖时，禁止挖土机械碰撞冠梁、腰梁和锚索头锚固构造。

7 注意事项

7.1 应注意的质量问题

7.1.1 注浆时必须密切注意压力表，发现压力过高，可能发生堵管，必须立即检查，排除堵塞。

7.1.2 发生串浆现象及浆液从其他孔流出时，采用多台泵注浆或堵塞串浆孔注浆。

7.1.3 注浆完成后，及时清洗机具。

7.2 应注意的安全问题

7.2.1 注浆管不准对人放置，注浆管在未打开风阀前，不准搬动，关闭密封盖，防止高压喷出物伤人。

7.2.2 张拉过程中，锚孔的正前方以及张拉油泵的油管接头正前方严禁站人，以防飞锚或油管爆裂伤人。

7.2.3 施工人员要戴安全帽、挂安全带，台座四周和张拉平台外侧设置安全网。

7.3 应注意的绿色施工问题

7.3.1 材料运输中采用棚布遮盖，所经过的施工场地道路经常洒水。

7.3.2 钻孔注浆排出的废水、废浆经过过滤池，沉淀后再利用，并将沉渣运至指定的弃渣场所堆放。

8 质量记录

8.0.1 原材料出厂合格证，材料现场抽检试验报告，水泥浆（砂浆）试块抗压强试验报告。

　　8.0.2　锚索施工记录。

　　8.0.3　锚索基本试验报告。

　　8.0.4　锚索验收试验报告。

　　8.0.5　隐蔽工程检查验收记录。

　　8.0.6　设计变更报告。

　　8.0.7　工程重大问题处理文件。

　　8.0.8　竣工图。

第 17 章　高压喷射注浆帷幕

本工艺标准适用于工业与民用建（构）筑物、市政基础设施基坑（槽）高压喷射注浆帷幕施工。适用的土层有淤泥、淤泥质土、黏性土、粉土、黄土、砂土和人工填土。对于砾石直径大于 60mm 以上，砾石含量过多以及含有大量纤维的腐殖土，喷射质量差，一般不宜采用。

1　引用标准

《建筑基坑工程监测技术规范》GB 50497—2009

《建筑地基基础工程施工质量验收规范》GB 50202—2018

《建筑基坑支护技术规程》JGJ 120—2012

《水利水电工程高压喷射灌浆技术规范》DL/T 5200—2004

《高压喷射灌浆施工操作技术规程》HG/T 20691—2006

《山西省建筑基坑工程技术规范》DBJ04/T 306—2014

2　术语

2.0.1　高压喷射注浆桩：利用高压设备使喷嘴以一定的压力把浆液喷射出去，以高压射流冲击切割土体，使一定范围内的土体破坏，置换出一部分土体，浆液与剩余土体搅拌混合固化。随着注浆管的提升、摆动形成桩体。根据喷射方法的不同，喷射注浆可分为单管法、二重管法和三重管法。

2.0.2　单管法：单层喷射管，仅喷射水泥浆。

2.0.3　二重管法：又称浆液气体喷射法，是用二重注浆管同时将高压水泥浆和空气两种介质喷射流横向喷射出，冲击破坏土体。在高压浆液和它外圈环绕气流的共同作用下，破坏土体的能量显著增大，最后在土中形成较大的固结体。

2.0.4　三重管法：是一种浆液、水、气喷射法，使用分别输送水、气、浆液三种介质的三重注浆管，在以高压泵等高压发生装置产生高压水流的周围，环绕一股圆筒状气流，进行高压水流喷射流和气流同轴喷射冲切土体，形成较大的空隙。再由泥浆泵将水泥浆以较低压力注入到被切割、破碎的土体中，喷嘴作旋转和提升运动，使水泥浆与土混合，在土中凝固，形成较大的固结体。

2.0.5　高压喷射注浆帷幕：通过连续施工高压喷射注浆，桩凝固后在土中形成有一定强度、相邻桩体相互咬合成帷幕形式的固结体。

2.0.6　旋喷法：喷嘴一面喷射一面旋转并提升，固结体呈圆柱状。

2.0.7　定喷法：施工时，喷嘴一面喷射一面提升，喷射的方向固定不变，固结体形如板状或壁状。

2.0.8　摆喷法：施工时，喷嘴一面喷射一面提升，喷射的方向呈一定角度来回摆动，固结体形成扇形断面柱体。

3　施工准备

3.1　作业条件

3.1.1　提前进行试验性施工，验证喷射注浆帷幕参数，确定施工方案。

3.1.2　工程地质资料齐全。

3.1.3　为了解喷射注浆后帷幕可能有的强度和决定浆液合理配合比，必须取现场各层土样，在室内按不同的含水量和配合比进行配方试验，优选出最合理的浆液配方。

3.1.4　根据估算喷射直径来选用喷射注浆的种类和喷射方式。

3.1.5　喷射间距的布置形式按工程需要提前确定。

3.2　材料及机具

3.2.1　泥浆材料：以水泥为主材，加入不同外加剂后，可具有速凝、早强、抗冻等性能。一般选用普通硅酸盐 42.5 级水泥。

3.2.2　早强剂：对地下水丰富的工程需要在水泥浆中掺入速凝早强剂，通常有氯化钙、水玻璃及三乙醇胺等。

3.2.3　水玻璃：对于有抗渗要求的喷射固体，不宜使用矿渣水泥，如仅要求抗渗而无抗冻要求的可使用火山灰水泥，在水泥浆中掺入 2‰～4‰ 的水玻璃，注浆用的水玻璃模数要求在 2.4～3.4 较为合适，浓度要在 30～45 波美度为宜。

3.2.4　膨润土：对改善型，在水泥浆中掺入膨润土，使浆液悬浮性增加，微减小水泥颗粒沉淀量，以至浆液的析水率减小，稳定性强。

3.2.5 高压泥浆泵：是用于输送水泥系浆液的主要设备。在单管法和二重管法中，必须使用高压泥浆泵作为泵送设备，三重管法喷射施工则允许使用一般灌浆施工中常用的泥浆泵。

3.2.6 高压水泵：是施工机械供水系统的重要组成部分，要求压力和流量稳定并能在一定范围内调节。高压喷射一般要求喷水口的压力达到 15～25MPa，出口流量为 50～100L/min。

3.2.7 高压喷射钻机：在软弱黏性土中，钻孔可选用小型钻机，但在砾砂土和硬黏土的地层中钻孔，选择质量大一点的钻机。要求钻机的钻进能力为 100m，钻孔直径为 110～150mm。钻机除有一般钻机的功能外，还要求具有带动注浆管以 10～20r/min 慢速转动和以 5～25cm/min 慢速提升的功能，如所用钻机不具备上述两项功能，则需改制或配备具有上述两项功能的旋喷机和钻机的配合使用。

3.2.8 普通泥浆泵：主要用于三重管、多重管的施工中。

3.2.9 空气压缩机：空气压缩机和流量计、输气管组成供气系统，主要提供水气或水浆复合喷射流的气流。压力要求为 0.7MPa 以上，风量一般为 8～10m³/min，宜选用低噪声空压机。

3.2.10 泥浆搅拌机：泥浆搅拌机和上料机、浆液贮存桶（简称贮浆桶）共同组成制浆系统。单机高压喷射注浆时，泥浆搅拌机的容积宜在 1.2m³ 左右，搅拌翼的旋转速度宜在 30～40r/min 之间。

3.2.11 喷射注浆管：包括单管、二重管和三重管等。各种喷射注浆管均由导流器（即送液器）、注浆管（即钻杆）和喷头三部分组成。

3.2.12 高压胶管：高压胶管是钻机和高压泵或空气压缩机之间的软性连接管路。包括输送浆液高压胶管和输送压缩空气胶管。

3.2.13 高压喷射注浆施工监测仪器：对各种喷射介质的压力和流量及喷头的旋转速度和提升速度某项参数用仪器记录。

3.2.14 高喷台车：在三重管的高压喷射注浆中，承载高压注浆管的机架台车。

4 操作工艺

4.1 工艺流程

试验确定施工参数 → 场地平整 → 测量定位 → 浆液配置 →

钻机就位及钻进 → 插注浆管 → 喷射注浆 → 冲洗 → 补浆

4.2　试验确定施工参数

4.2.1　在有代表性的地段进行试验，以确定施工参数。

4.2.2　施工前应确定喷射参数（速度、提升速度、喷嘴直径）。尤其深层长桩，应根据不同深度、不同土质情况变化，选择合适的参数。旋喷桩施工参数可参考表 17-1。

旋喷桩施工参数参考表　　　　　　　　　　　表 17-1

项目			单管法	二重管法	三重管法
旋喷速度（r/min）			15～20	10～20	7～14
提升速度（m/min）			15～20	10～20	11～18
机具性能	高压泵	压力（MPa）	—	—	20～30
		流量（L/min）			80～120
	空压机	压力（MPa）	—	0.5～0.7	0.5～0.7
		流量（L/min）	—	1～2	0.5～2.0
	泥浆泵	压力（MPa）	20～40	20～40	4
		流量（L/min）	60～120	60～120	80～150

4.3　场地平整

4.3.1　先进行场地平整，清除桩位处地上、地下的一切障碍物，场地低洼处用黏性土料回填夯实。

4.3.2　根据施工现场实际情况，施作临时排、截水设施，并在施工范围以外开挖废泥浆池以及施工孔位至泥浆池间的排浆沟。

4.4　测量定位

4.4.1　施工前用全站仪测定旋喷桩桩点，保证桩孔中心移位偏差小于 2mm。

4.4.2　如果施工的是高压旋喷注浆帷幕桩，则采用二序孔或三序孔施工，以保证相邻孔喷射时间不小于 72h。全部钻孔统一编号，标明次序。

4.5　浆液配制

4.5.1　桩机就位时，即开始按设计确定的配合比拌制水泥浆。

4.5.2　首先，将水加入桶中，再将水泥和外掺剂倒入，开动搅拌机搅拌 10～20min，而后拧开搅拌桶底部阀门，放入第一道筛网（孔径为 0.8mm）过滤后流入浆液池，然后通过泥浆泵抽进第二道过滤网（孔径为 0.8mm）过滤后流入浆液桶中，待压浆时备用。

4.6 钻机定位及钻进

4.6.1 单管法

1 移动喷射钻机至设计孔位，使钻头对准旋喷桩设计中心，钻孔的倾斜度不得大于 1.5%。

2 钻机就位后，首先进行低压（0.5MPa）射水试验，用以检查喷嘴是否畅通，压力是否正常。

3 启动钻机，同时开启高压泥浆泵低压输送清水，使钻杆沿导向架旋转、射流下沉成孔，直到桩底设计标高，观察工作电流不应大于额定值。射水压力由 0.5MPa 增至 1MPa，作用是减少摩擦阻力，防止喷嘴被堵。

4 接长钻杆。当第一根钻杆钻进后，停止射水，此时压力降为零，接长钻杆，再继续射水、钻进，直到钻至桩底设计标高。

4.6.2 双重管法

1 移动喷射钻机到设计孔位，调整好垂直度后进行高压浆、气管路试验。

2 试验合格后，启动钻机，并用较小压力（0.5～1.0MPa）边钻进边射水，至设计标高后停止钻进，观察工作电流不应大于额定值。

4.6.3 三重管法

1 一般采用地质钻机，钻机就位后，调整垂直度，使其符合要求。

2 钻孔采用泥浆护壁钻进，泥浆比重为 1.1～1.25t/m³，孔径为 130mm。

3 开孔时要轻压慢钻，在钻进过程中随时检测钻杆的垂直度，以确保钻孔垂直。

4 孔深达到设计深度后，提钻前要换入新浆液进行清孔约 30min，以减少孔内沉淀，保证高喷管插入深度。

4.7 插注浆管

4.7.1 当采用单管法和二重管法时，钻杆也就是注浆管，钻孔和插管二道工序可合而为一。

4.7.2 三重管法

1 钻机成孔后，拔出钻杆，撤走钻机，高喷台车就位，再插入高喷管，高喷台车就位必须牢固平稳。

2 高喷管下孔前，必须在地面进行试喷，检查各种机械系统是否正常，管路是否畅通。然后用胶带纸密封水咀和气咀。

3 高喷管下到设计高程后，有定喷或摆喷要求的，由技术员确定喷射方向（定喷），和调整好摆角（摆喷），喷射过程中每换管一次，技术员必须校核喷射方向和角度。

4.8 喷射注浆

4.8.1 单管法

1 钻孔至桩底设计标高后，停止射水，拧下上面第一根钻杆，放入钢球，堵住射水孔，再将钻杆装上，即可向钻机送高压水泥浆，坐底喷浆 30s 后，等浆液从孔底冒出地面后，按设计的工艺参数，钻杆开始旋转和提升，自下而上进行喷射注浆。

2 中间拆管时，停止压浆，待压力下降后，迅速拆除钻杆，并将剩余钻杆下沉进行搭接，搭接长度不小于 200mm，然后继续压浆，等压力上升至设计压力时，重新开始提升钻杆喷浆。

4.8.2 双重管法

1 钻杆下沉到达设计深度后，停止钻进，旋转不停，同时关闭水阀，开启浆阀，高压泥浆泵压力增到施工设计值，然后送气，坐底喷浆 30s 后，等浆液从孔口冒出地面后，按设计的工艺参数，边喷浆，边旋转，边提升，直至设计标高。

2 中间拆管时，应先停气，后停浆；重新开始，应先给浆再给气，喷射注浆的孔段与前段搭接不小于 200mm，防止固结体脱节。

4.8.3 三重管法

1 高喷管达到设计深度后，依次开启高压水泵、空压机和泥浆泵进行旋转喷射，并用仪表控制压力、流量和风量，坐底喷浆 30s 后，等浆液从孔口冒出地面后，按设计的工艺参数开始提升，直至达到预期的加固高度后停止。

2 中间拆管时，应先停气，后停高压水；重新开始，应先给水再给气，喷射注浆的孔段与前段搭接不小于 100mm。

4.9 冲洗

当喷浆结束后，立即清洗高压泵、输浆管路、注浆管及喷头。管内、机内不得残存水泥浆，通常将浆液换成水，在地面上喷射，以便把泥浆泵、注浆管以及软管内的浆液全部排除。

4.10 补浆

喷射注浆作业完成后，由于浆液的析水作用，一般均有不同程度的收缩，使固结体顶部出现凹穴，要及时用水灰比为 1.0 的水泥浆补灌。

5 质量标准

5.0.1 主控项目

1 水泥及外掺剂质量符合设计要求。

2 水泥用量符合设计要求。

3 桩体强度及完整性检验符合设计要求。

5.0.2 一般项目

1 钻孔位置允许偏差不大于 50mm。

2 钻孔垂直度允许偏差不大于 $1.5\%H$。

3 孔深允许偏差 ±200mm。

4 注浆压力符合设定参数。

5 桩体搭接长度不小于 200mm。

6 桩体直径允许偏差不大于 50mm。

7 桩体中心允许偏差不大于 $0.2D$。

6 成品保护

6.0.1 高压喷射注浆施工完成后，不能随意堆放重物，防止喷射注浆帷幕变形。

6.0.2 成桩完成 4～6 周后，才可以进行基坑开挖。

6.0.3 由于高压旋喷桩桩体强度较低，开挖桩头时必须采用人工开挖，切不可利用机械野蛮施工，以免造成桩身质量问题。

6.0.4 破除桩头不得采用重锤等横向侧击桩体，以防造成桩顶标高以下桩身质量问题。

7 注意事项

7.1 应注意的质量问题

7.1.1 钻机就位后应进行水平、垂直校正，钻杆应与桩位吻合，偏差控制在 10mm 内。

7.1.2 冒浆处理，在喷射过程中往往有一定数量土粒随着一部分浆液沿着注浆管冒出地面，通过对冒浆观察，冒浆量小于注浆量 20％为正常现象，超过 20％或完全不冒浆者，应查明原因，采取相应的措施：

1　地层中有较大的空隙而引起不冒浆，则可在浆液中掺加适量的速凝剂，缩短固结时间，使浆液在一定范围内凝固。另外，还可在空隙地段增大注浆量，填满空隙，再继续正常旋喷。

2　冒浆量过大是有效喷射范围与注浆量不适应所致，可采取提高喷射压力；适当缩小喷嘴直径；加快提升和旋喷速度等措施，减小冒浆量。

3　冒出地面浆液应经过滤、沉淀和调整浓度后才能回收利用，但回收难免没有砂粒，故仅有二重管旋喷法可利用回收的冒浆再注浆。

7.1.3　在插管旋喷过程中，要注意防止喷嘴被堵，水、气、浆、压力和流量必须符合设计值，否则要拔管清洗，再重新进行插管和旋喷。使用双喷嘴时，若一个喷嘴被堵，则用复喷方法继续施工。单管法和双重管法钻孔过程中，为防止泥砂堵塞，可边射水边插管，水压力控制在 1MPa；三重管法插管过程中，高压水喷嘴、气嘴要用胶带包裹，以免泥土堵塞。

7.1.4　水泥浆液搅拌后不得超过 4h，当超过时应经专门试验，证明其性能符合要求方可使用。

7.1.5　钻杆的旋转和提升必须连续不中断，拆卸钻杆要保持钻杆有 0.2m 以上搭接长度，以免使旋喷固结体脱节，中途机械发生故障，且在桩底部 1m 范围内应采取较长持续时间的措施。

7.1.6　当桩头凹陷量大对土加固及防渗影响大时，应采取静压注浆补强。

7.1.7　浆液材料不要受潮或变质，不得使用受潮、结块或过期的水泥，各种外加剂要分别存放。浆液材料及外加剂均应采用无毒材料。

7.2　应注意的安全问题

7.2.1　高压胶管不能超过压力范围使用，使用时屈弯不小于规定的弯曲半径，防止高压胶管破裂。

7.2.2　施工时，对高压泥浆泵要全面检查和清洗干净，防止泵体的残渣和铁屑存在；各密封圈应完整无泄漏，安全阀中的安全销要进行试压检验。确保能在额定最高压力时断销卸压；压力表应定期检查，保证正常使用，一旦发生故障，要停泵停机排除故障。

7.2.3　高压喷射旋喷注浆是在高压下进行，高压射流的破坏较强，浆液应过滤，使颗粒不大于喷嘴直径；高压泵必须有安全装置，当超过允许泵压后，应能自动停止工作；因故需较长时间中断喷射时，应及时地用清水冲洗输送浆液系统，以防硬化剂沉淀管路内。

7.2.4 操纵钻机人员要有熟练的操作技能，了解注浆全过程及钻机旋喷注浆性能严禁违章操作。

7.3 应注意的绿色施工问题

7.3.1 施工中产生的废弃泥浆必须经过沉淀池沉淀处理后，方可排入市政污水管，严禁直接排入市政污水管。废浆沉碴必须用密封的槽车外运，送到指定地点处置。

7.3.2 在水泥搅拌过程中，水泥添加作业应规范，搅拌设施应保持密闭，防止添加、搅拌过程中，大量水泥扬尘外逸。

7.3.3 由于施工产生的扬尘可能影响周围正常居民生活、道路交通安全的，应设置防护网，以减少扬尘及施工渣土影响。

7.3.4 施工场地硬化时，洒水防止扬尘，遇大风天气，场地内渣土应覆盖。

7.3.5 根据施工项目现场环境的实际情况，合理布置机械设备及运输车辆进出口，搅拌机等高噪声设备及车辆进出口应安置在离居民区域相对较远的方位。

7.3.6 对于高噪声设备附近加设可移动的简易隔声屏，尽可能减少设备噪声对周围环境的影响。

7.3.7 运输、施工作业的车辆在离开施工作业场地前，应对车辆轮胎、车厢、车身进行全面清洗，防止泥浆在车辆行驶过程对外界道路及空气质量，造成污染。

7.3.8 施工过程中注意现场的浆液存放，避免浆液四溢，做到工完场清。

8 质量记录

8.0.1 测量放线记录。

8.0.2 水泥、外加剂及掺合料出厂合格证、质量检验报告及进场复验报告。

8.0.3 高压喷射注浆施工记录。

8.0.4 桩体帷幕强度检验报告。

8.0.5 高压喷射注浆帷幕工程检验批质量验收记录。

8.0.6 高压喷射注浆帷幕工程分项质量验收记录。

8.0.7 隐蔽工程检验记录。

8.0.8 设计变更报告。

8.0.9 工程重大问题处理文件。

8.0.10 其他技术文件。

第 18 章　逆作法施工

本工艺标准适用于工业与民用建（构）筑物、市政基础设施基坑采用逆作法施工。

1　引用标准

《钢结构工程施工质量验收规范》GB 50205—2001

《建筑基坑工程监测技术规范》GB 50497—2009

《建筑地基基础工程施工质量验收规范》GB 50202—2018

《钢结构焊接规范》GB 50661—2011

《地下建筑工程逆作法技术规程》JGJ 165—2010

《建筑基坑支护技术规程》JGJ 120—2012

《山西省建筑基坑工程技术规范》DBJ04/T 306—2014

2　术语

2.0.1　逆作法：利用主体结构的全部或一部分作为支护结构，自上而下施工地下结构并与基坑开挖交替实施的施工方法。

2.0.2　立柱桩：逆作法中，结构水平构件的竖向支承立柱和立柱桩可采用临时立柱与主体结构工程桩相结合的立柱桩（一柱多桩），或与主体地下结构柱及工程桩相结合的立柱和立柱桩（一柱一桩），即为立柱桩。当采用临时立柱时，可在地下室结构施工完成后拆除临时立柱，完成主体结构柱的托换。

3　施工准备

3.1　作业条件

3.1.1　具备完整的工程地质资料，提供周边环境资料及保护要求。

3.1.2　施工前进行了设计交底，主体建筑、结构设计及基坑支护设计齐全。

3.1.3 编写了施工组织设计及专项施工方案，经过专家论证后施工。

3.1.4 完成了工程桩以及地基加固施工。

3.2 材料及机具

3.2.1 混凝土、钢筋、型钢以及配套辅助材料；施工用脚手管、扣件、方木、模板等。

3.2.2 加长臂挖掘机、挖掘机、装载机、自卸汽车、取土架、钢筋弯曲机、钢筋切断机、钢筋套丝机、电焊机、混凝土输送泵、混凝土振捣棒、空压机、手提风镐、潜水泵、注浆机、柴油发电机。

4 操作工艺

4.1 工艺流程

围护结构、竖向支撑桩柱施工 → 降水 → 分层进行土方开挖 →

分层进行水平支撑结构层 → 分层进行墙柱结构和外墙防水施工 →

底板结构及防水施工 → 出入口施工

4.2 围护结构、竖向支撑桩柱施工

4.2.1 围护结构种类由设计确定，根据地质情况设计一般有地下连续墙、排桩支护等。排桩支护的桩种类较多，有灌注桩、高压水泥旋喷桩等等，具体支护施工按照相应工艺标准施工。

4.2.2 施工时，不单纯考虑帷幕支护作用，必须考虑与地下结构连接部位的构造。比如与楼层外侧梁板、基础相连接处设预埋钢筋或直螺纹套筒，需要措施到位，控制位置准确。

4.2.3 施工支撑水平结构的竖向构件即立柱桩时，需要将立柱与工程桩一体施工，立柱可以是格构柱，也可以是灌注桩，现场成孔，将桩钢筋笼和柱放入桩孔，浇筑混凝土。具体施工时，按照立柱桩的工艺标准进行施工。

4.3 降水

如工程部分结构在地下水位以下，为施工安全考虑应提前进行降水。降水方案的选择视工程地质条件而定，具体参照基坑降水施工工艺标准。

4.4 分层进行土方开挖

4.4.1 土方开挖前，应对取土口的位置、大小以及施工道路进行设计排布。

出土口是地下土方的出口，其留置将对地下施工产生直接影响。出土口的布置要遵循以下原则：

1 出土口要尽量减少对正常交通的影响。出土口可设在较宽的人行道上，也可在马路上靠边设置，但占道宽度要尽量小。

2 出土口要在道路两侧布置，地下施工可多点、多面同时施工。

3 取土口平面布置应分布均匀，充分考虑施工行车路线，平均每 1000m² 布置一个取土口，间距约为 25m，以便地下通道尽快连通。

4 取土口大小应充分考虑施工机械及材料运输需要，尺寸不小于 2.5m×5m，以便挖掘机站在地面向下取土。

4.4.2 土方开挖先进行第一层土方开挖，开挖从自然地坪至地下一层地面标高，进行一层结构施工，并按方案留设出土口。

4.4.3 出土口结构形成后，以出土口为起点进行地下土方开挖。开始时采用人工挖土，逐渐扩大地下空间。当地下空间扩大后，可向地下吊运小型挖掘机，利用机械进行挖土。

4.4.4 开挖时，多根立柱可以同时开挖，柱采用间隔"跳挖"施工。地下土方通过机械转运到各出土口，在地面上采用加长臂挖掘机将土方挖出装车外运。

4.4.5 挖土深度由基坑围护结构的刚度决定，刚度小，可挖至每层的梁板下可供支设梁底模板，板采用排架支撑；围护刚度较好可挖至每层地面标高，可整层支撑体系施工；围护刚度非常高时，可根据安全系数一次可开挖二层及两层以上土方，再开始正作结构。

4.5 分层进行水平支撑结构施工

4.5.1 第一层结构采用正作法施工，当开挖至地下一层结构以下后进行支撑架的搭设，搭设前应检查地基承载力的符合性，若不满足架体支设承载力的要求，可通过加混凝土垫层的方式进行地基加固。

4.5.2 梁板按照从上到下分层施工，直到基础底板位置。施工顺序为：挖上层土方→绑扎墙柱钢筋，竖向钢筋下插入土→支设梁板模板，梁板外侧以直立围护结构作外模→绑扎梁板钢筋→浇筑梁板混凝土→重复以上工序，依次完成以下各层梁板施工。

4.5.3 每层墙柱钢筋都要和上层预留钢筋可靠连接，并在土内向下插入钢筋，以便和下层墙柱连接。

4.5.4 墙柱下层内模板支设时要设置"喇叭口"，在对应的上层板上预留100~150mm浇筑孔，可将泵管穿过。将混凝土从"喇叭口"灌注，墙柱拆模后，"喇叭口"混凝土要剔凿修平。

4.6 分层进行墙柱结构及外墙防水施工

4.6.1 逆作法施工的梁板结构竖向支撑主要是立柱桩，立柱桩为后期加工成墙柱结构，操作方法与常规施工基本相同。

4.6.2 支柱桩为混凝土灌注桩的要剔凿修整桩身（至少剔除粘结的泥浆层），使外包钢筋内外保护层不小于25mm或环境类别规定的保护层厚度；若支柱桩为钢格构柱，要剔凿干净泥浆，并用钢丝刷清理干净附着在格构柱上泥浆。

4.6.3 基础底板施工后，再施工墙、柱身，墙、柱身和顶板预留下接墙、接柱通过"喇叭口"连接。

4.6.4 外围内衬墙根据设计而定，在上下层梁板施工时，要预留钢筋和止水带，可用围护结构作为外侧模板，内侧模板做好支撑，可与外围护结构拉结，防止胀模，通过楼板预留孔和墙模上的簸箕等措施浇筑混凝土。

4.6.5 按设计要求进行外墙防水施工。

4.7 底板结构施工

4.7.1 一定区域内柱子、墙板完成后，应及时浇筑底板，以增大底面受力面积，共同承担顶板载荷。一般顶板暴露面积达到150m²，将底板连成整体。

4.7.2 施工垫层及防水及保护层后，绑扎基础钢筋，施工时注意要与立柱桩或周围围护结构的预埋钢筋或套筒连接，形成整体。在与立柱桩和周围围护结构交界处，设止水装置，防止底板接缝处渗水。

4.8 出入口施工

待全部土方挖完和基础施工完成后，按照从下到上依次支设模板、绑扎钢筋，与四周梁板伸出的预留筋或连接套筒连接，最后浇筑混凝土，施工时要处理好四周的施工缝。

5 质量标准

5.0.1 主控项目

1 补偿收缩混凝土的原材料、配合比及坍落度，必须符合设计要求。

2 内衬墙接缝用遇水膨胀止水条或止水胶和预埋注浆管，必须符合设计要求。

3 逆注结构渗漏水量必须符合设计要求。

5.0.2 一般项目

1 逆筑结构地下连续墙的施工要求：

1）连续墙墙面应凿毛、清洗干净，并宜做水泥砂浆防水层。

2）地下连续墙与顶板、中楼板、底板接缝部位应凿毛处理，施工缝的施工应按施工缝工程检验批质量验收。

3）钢筋接驳器宜涂刷水泥基渗透结晶型防水材料。

2 逆筑结构地下连续墙与内衬构成复合式衬砌逆筑法的施工要求：

1）顶板及中楼板下部 500mm 内衬墙应同时浇筑，内衬墙下部应做斜坡形，斜坡形下部应预留 300～500mm 空间，并应待先浇混凝土施工下 14d 后再行浇筑。

2）浇筑混凝土前，内衬墙的接缝面应凿毛、清洗干净，并应设置遇水膨胀止水条或止水胶和预埋注浆管。

3）内衬墙的后浇带混凝土应采用补偿收缩混凝土，浇筑口宜高于斜坡顶端 200mm 以上。

3 遇水膨胀止水条：

1）应具有缓膨胀性能。

2）止水条与施工缝基面应密贴，中间不得有空鼓、脱离等现象。

3）止水条应牢固地安装在缝表面或预留凹槽内。

4）止水条采用搭接连接时，搭接宽度不得小于 30mm。

4 遇水膨胀止水胶：

1）应采用专用注胶器挤出，粘结在施工缝表面，并做到连续、均匀、饱满，无气泡和孔洞，挤出宽度及厚度应符合设计要求。

2）挤出成形后，固化期内应采取临时保护措施。

3）固化前不得浇筑混凝土。

5 预埋注浆管：

1）应设置在施工缝断面中部，注浆管与施工缝基面应密贴并固定牢靠，固定间距宜为 200～300mm。

2）与注浆管的连接应牢固、严密，导管埋入混凝土内的部分应与结构钢筋绑扎牢固，导管的末端应临时封堵严密。

6　成品保护

6.0.1　土方开挖时，临近降水系统、支护结构、建筑结构、竖向立柱桩部分，应采用人工开挖并设警示标志。

6.0.2　预埋插筋、连接件等应有防护措施。

7　注意事项

7.1　应注意的质量问题

7.1.1　土石方采用机械开挖时，边坡位置应预留 200mm 厚土做边坡的保护层，然后用人工修整坡面。

7.1.2　楼面梁板结构应支立支架后铺设模板，模板拼缝处内贴胶带，防止漏浆。

7.1.3　逆作法接槎、施工缝较多，剔凿在混凝土强度达到 50％以上方可进行，同时做好施工缝接槎处理工作，需要时预埋专用注浆管注浆处理。

7.1.4　竖向立柱桩在施工过程中应采用专用调垂架控制平面位置、垂直度和转向偏差，进行垂直度检测，确保其位置和垂直度满足设计要求。

7.2　应注意的安全问题

7.2.1　土方应按设计工况分块、分层、均衡、对称开挖，严防超挖。

7.2.2　对于挖出的泥土要按规定运输出场，不得随意沿围墙和水平结构上堆放。

7.2.3　挖掘机停靠、挖土位置和汽车运土路线应符合施工方案规定。

7.2.4　凡作业层以下无安全防护设施作业时，施工作业人员必须佩戴安全带或安全绳，凡未使用防护用品用具的不准作业，以防止坠落事故的发生。

7.2.5　所有各种机械设备进场后，必须经设备负责人会同安全员和使用机械的人员，共同对该机械设备进行进场验收。

7.2.6　接触粉尘作业的施工作业人员，在施工中应尽量降低粉尘的浓度，在施工中采取适当措施降低扬尘，作业人员正确佩戴防尘口罩。

7.2.7　土石方开挖时，两人操作间距应大于 2.5m；多台机械开挖，挖土机间距应大于 10m。在挖土机工作范围内，不许进行其他作业。

7.2.8　对于楼板支撑跨度较大的模板支撑拆除必须在混凝土强度达到

100％后方能拆除，以免发生安全事故。

7.2.9 逆作法期间第三方和施工单位均应进行基坑监测，及时反馈监测信息。

7.2.10 应根据环境及施工方案要求设置通风、排气及照明设施。

7.3 应注意的绿色施工问题

7.3.1 施工现场应配备有效的降尘设施和设备，对施工地点和施工机械进行降尘。

7.3.2 废浆、渣土外运和排放、污水排放应符合环境保护的有关规定。

7.3.3 合理选用施工机械，采用围挡措施，控制噪声。

8 质量记录

8.0.1 岩土工程勘察报告、图纸会审记录、设计变更文件。

8.0.2 桩位测量放线图及工程桩位线复核签证单。

8.0.3 桩身完整性检测报告及单桩承载力检测报告。

8.0.4 原材料出厂合格证和进场复试报告。

8.0.5 混凝土强度试验报告。

8.0.6 钢筋接头试验报告。

8.0.7 预应力筋用锚具、连接器的合格证和进场复试报告。

8.0.8 混凝土工程施工记录。

8.0.9 隐蔽工程验收记录。

8.0.10 分项工程验收记录。

8.0.11 预应力筋安装、张拉及灌浆记录。

8.0.12 其他必要的文件和记录。

8.0.13 竖向构件垂直度验收应提交下列记录：

    1 有效断面设计交底记录。

    2 垂直度验收记录。